普通高等教育"十三五"规划教材

焊接技术与工程实习实训教程

主　编　王　刚　尹立孟
副主编　姚宗湘　陈玉华

北　京
冶金工业出版社
2022

内 容 提 要

　　本书是根据焊接技术与工程专业人才培养目标的要求编写的，内容涉及焊接基础知识，焊接技术与工程实习实训大纲，常用焊接方法、设备组成及操作要点，生产实习实例等。本书侧重实用性和全面性，便于培养学生的动手能力、工程实践能力和创新能力以及综合应用知识和解决工程实际问题的能力。

　　本书为应用型高等院校焊接技术与工程专业本科生的实习实训教材，也可供高职院校焊接专业的师生和有关工程技术人员参考。

图书在版编目（CIP）数据

　　焊接技术与工程实习实训教程/王刚，尹立孟主编. —北京：冶金工业出版社，2018.3（2022.7重印）

　　普通高等教育"十三五"规划教材

　　ISBN 978-7-5024-7739-4

　　Ⅰ.①焊…　Ⅱ.①王…　②尹…　Ⅲ.①焊接—高等学校—教材 Ⅳ.①TG4

　　中国版本图书馆 CIP 数据核字（2018）第 031817 号

焊接技术与工程实习实训教程

出版发行	冶金工业出版社	**电　话**	（010）64027926
地　　址	北京市东城区嵩祝院北巷 39 号	**邮　编**	100009
网　　址	www.mip1953.com	**电子信箱**	service@ mip1953.com

责任编辑　郭冬艳　　美术编辑　吕欣童　　版式设计　禹　蕊
责任校对　郑　娟　　责任印制　禹　蕊
三河市双峰印刷装订有限公司印刷
2018 年 3 月第 1 版，2022 年 7 月第 2 次印刷
787mm×1092mm　1/16；8.5 印张；206 千字；127 页
定价 25.00 元

投稿电话　（010）64027932　投稿信箱　tougao@cnmip.com.cn
营销中心电话　（010）64044283
冶金工业出版社天猫旗舰店　yjgycbs.tmall.com
（本书如有印装质量问题，本社营销中心负责退换）

前　言

　　焊接技术与工程专业具有很强的工程性和实践性，该专业本科人才培养的目标是培养具有一定工程实践能力并能服务于生产一线的应用型技术人才，培养过程中也由传授知识为主转变为提高实践能力、加强素质培养为主。培养目标和培养方法的转变对教材的编写提出了相应的要求，即要突出内容的实践性、可操作性及前沿性。目前，大多数高等院校的焊接专业均是近五年来陆续从材料成型及控制工程专业独立出来的，在培养应用型技术人才方面很少有合适的教材，因此重庆科技学院特组织相关人员编写了本书。

　　本书根据焊接技术与工程应用型人才培养方案中的实习实训环节要求，重点介绍了焊接实习实训安全、焊接基本知识、实习实训目标及要求、常规焊接方法基础知识和典型位置焊接操作技能，最后以某压力容器制造企业生产实习为例对实习实训内容、要求等进行了详细阐述。

　　本书的主要编写人员为重庆科技学院焊接技术与工程专业教师王刚、尹立孟、姚宗湘、张丽萍、陈志刚、王纯祥、柴森森和南昌航空大学陈玉华教授。王刚、尹立孟任主编，姚宗湘、陈玉华任副主编，其中，王刚负责本书的策划和统稿。具体编写分工为：王刚编写第 1 章和第 10 章，姚宗湘、尹立孟共同编写第 2 章、第 3 章和第 8 章，陈玉华编写第 4 章，王纯祥编写第 5 章，姚宗湘、柴森森共同编写第 6 章，陈志刚编写第 7 章，张丽萍编写第 9 章。另外，参加本书编写工作的还有刘海琼（成都工业学院）、李勇和唐明（重庆赛宝工业研究院）等多位老师。

　　本书获得重庆市高等学校"三特行动计划"冶金材料特色学科专业群建设经费的支持，并在编写过程中得到了重庆科技学院冶金与材料工程学院朱光俊院长、符春林副院长、尹建国院长助理的大力支持，以及很多老师和研究生的帮助，在此向他们表示衷心的感谢。本书中引用的图片、数据均来自公开的资料，由于部分资料难以查找其原作出处，故未做标注。本书作者向所引用文献的原作者一并表示诚挚的谢意，也衷心地感谢相关资料的提供者。

由于编者水平有限，书中不足之处，敬请同行及广大师生批评指正。

编　者

2017 年 11 月

目　　录

焊接实习实训安全防护

1.1 焊接危害因素

A 弧光

焊接过程的弧光由紫外线、红外线和可见光组成，属于电磁辐射范畴。光辐射是能量的传播方式，波长与能量成反比关系，光辐射作用到人体上，被体内组织吸收，引起组织的热作用、光化学作用，导致人体组织发生急性或慢性损伤。

（1）红外线。眼睛受到强红外线辐射时，会产生灼痛感，长时间持续接触会引起眼睛晶体改变，甚至发生白内障。

（2）紫外线。过度紫外线辐射可能引起电光性眼炎。焊条电弧焊电弧温度很高，因此可产生很强的中、短波紫外线辐射。紫外线还能烧伤皮肤，出现烧灼感、红肿、发痒、脱皮等不良反应。

（3）可见光。焊接电弧可见光的亮度，比眼睛正常接受的亮度大很多。当眼睛受到强可见光的照射，会出现眼花、疼痛，即通常说的晃眼，长期照射会导致视力减退。

光辐射的防护主要是保护眼睛和皮肤不受伤害，在从事焊接作业时，必须使用镶有特制护目镜片的面罩或头盔。护目镜片有吸收式、反射式、液晶显示式，应按焊接电流强度选用。护目镜的各项性能必须符合国家标准《职业眼面部防护　焊接防护》(GB/T 3609.1—2008)。

B 焊接烟尘

熔化金属的蒸发，是焊接烟尘的重要来源。在温度高达 3000 ~ 6000℃ 的焊接过程中，焊接原材料中金属元素的蒸发气体，在空气中迅速氧化、冷凝，从而形成金属及其化合物的微粒。直径小于 $0.1\mu m$ 的微粒称为烟，直径在 $0.1 ~ 10\mu m$ 的微粒称为尘，这些烟和尘的微粒漂浮在空气中便形成了烟尘。

焊接烟尘的化学成分取决于焊接材料和母材成分及其蒸发的难易程度：熔点和沸点低的成分蒸发量较大；低氢型焊条焊接时，还会产生有毒的可溶性氟。在防护不力、措施不良的环境下，焊工长期接触焊接烟尘，可能导致尘肺、锰中毒、氟中毒和金属热等病症。

C 有毒气体

电弧焊时，焊接区周围空间由于电弧高温和强烈紫外线的作用，可形成多种有毒气体，主要有臭氧、氮氧化物、一氧化碳和氟化氢等。

D 射线

钨极是手工钨极氩弧焊、等离子弧焊的非熔化电极，常用钨极材料有纯钨极、钍钨极和铈钨极三种。

纯钨极极易烧损，对电源空载电压要求高，承载电流能力小，目前已不使用。钍钨极中加入 $1\% \sim 2\%$ 的氧化钍钨，可使钨极具有较高的发射电子能力，降低空载电压，增大电流许用范围。但钍是天然放射性物质，有微量的放射性，能放射出 α、β、γ 三种射线，在磨削电极与焊接时需注意防护。

另外，真空电子束焊发射的 X 射线光子能量比较低，一般只会对人体造成外照射，危害程度较小。但长期受较高能量的 X 线照射，则可能引起慢性辐射损伤。

E　高频电磁场

非熔化极氩弧焊和等离子弧焊引燃电弧时，需由高频振荡器激发引弧，此时振荡器要产生强烈的高频振荡，以击穿钨极与工件或喷嘴间的空气间隙，引燃电弧，产生的高频振荡有一部分以电磁波的形式向空间辐射，形成高频电磁场。人体在高频电磁场作用下，能吸收一定的辐射能量，产生生物学效应，也就是"致热作用"。作业人员长期接触场强较大的高频电磁场，将引起植物神经功能紊乱和神经衰弱，表现为头昏、乏力、记忆力减退、血压波动、心悸等。

F　噪声

在等离子喷焊、喷涂、切割或使用风铲、碳弧气刨时会产生很强的噪声。等离子流的喷射噪声在 100dB 以上。喷涂时的噪声可达 123dB，频率在 $31.5 \sim 32000$Hz，较强噪声的频率均在 1000Hz 以上。

噪声对人体的危害程度与噪声的频率及强度、噪声源的性质、暴露时间、工种、身体状况有关。对人体的危害主要为噪声性听力损伤和噪声性耳聋。

G　热辐射

焊接作业场所由于焊接电弧、焊件预热设备等热源的存在，焊接过程中有大量的热能以辐射形式向焊接作业场所扩散，形成辐射。

焊接环境的高温，可导致作业人员代谢机能发生变化，可以引起作业人员身体大量出汗、甚至中暑，导致人体内的水盐比例失调，出现不适症状。因此作业人员应当采取有效的防护措施，避免或减少焊接过程中职业危害对人体的影响。

1.2　焊接劳动保护

1.2.1　劳动保护用品的种类及使用要求

A　工作服

焊接工作服的种类很多，最常用的是棉白帆布工作服。白色对弧光有反射作用，棉帆布有隔热、耐磨、不易燃烧，可防止烧伤等作用。焊接与切割作业的工作服不能用一般合成纤维织物制作。进行全位置操作时，应为焊工配备皮制工作服。

B　焊工防护手套

焊工防护手套（见图 1-1）一般为牛（猪）革制手套或由棉帆布和皮革合成材料制成，具有绝缘、耐辐射、抗热、耐磨、不易燃和防止高温金属飞溅物烫伤等作用。在可能导电的焊接场所工作时，所用手套应经 3000V 耐压试验，合格后方能使用。

C　焊工防护鞋

焊工防护鞋（见图1-2）应具有绝缘、抗热、不易燃、耐磨损和防滑的性能，焊工防护鞋的橡胶鞋底经5000V耐压试验合格（不击穿）后方能使用。如在易燃易爆场合焊接时，鞋底不应有鞋钉，以免产生摩擦火星。在有积水的地面焊接切割时，焊工应穿经过6000V耐压试验合格的防水橡胶鞋。

图1-1　焊工防护手套　　　　　　　　　　图1-2　焊工防护鞋

D　焊接防护面罩

防护面罩（见图1-3、图1-4）是用来保护眼睛和面部，免受弧光伤害及金属飞溅的一种遮蔽工具，有手持式和头盔式两种。面罩观察窗上装有有色化学玻璃即滤光片，可过滤紫外线和红外线，滤光片可分为19个型号（1.2～16号），号数越大，色泽越深。应根据年龄和视力情况选用，一般常用9～10号（见表1-1）。在电弧燃烧时能通过观察窗观察电弧燃烧情况和熔池情况，以便于操作。除去镜片等附件，其质量不超过500g。

图1-3　焊接可变光防护面罩　　　　　　　图1-4　焊接防护面罩

表1-1　焊接滤光片使用选择

遮光号	电弧焊接与切割作业
1.2	
1.4	
1.7	防侧光与杂散光
2	
3	辅助工
4	

续表 1-1

遮光号	电弧焊接与切割作业
5	30A 以下的电弧作业
6	
7	30~75A 的电弧作业
8	
9	75~200A 以下的电弧作业
10	
11	
12	200~400A 以下的电弧作业
13	
14	400A 以上的电弧作业

E　焊接护目镜

气焊、气割用防护眼镜片，主要起滤光、防止金属飞溅物烫伤眼睛的作用。一般根据焊接、切割工件厚度、火焰能率大小选择。

焊接工作使用的防辐射面罩由不导电材料制作，观察窗、滤光片、保护片尺寸相吻合，无缝隙，护目镜（见图1-5）的颜色为混合色，以蓝、绿、灰色的为好。

图 1-5　焊接护目镜

F　防尘口罩和防毒面具

在焊接、切割时，当采用整体或局部通风不能使烟尘浓度降低到允许浓度标准以下时，需用合适的防尘口罩（见图1-6）和防毒面具（见图1-7），以过滤焊接时的烟尘和金属蒸气。

图 1-6　防尘口罩

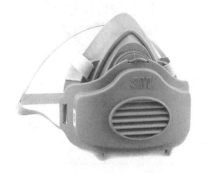

图 1-7　防毒面具

G　耳塞、耳罩和防噪声盔

国家标准规定工业企业噪声一般不应超过 85dB，最高不能超过 90dB。当采用隔声、消音、减振等一系列噪声控制技术仍不能将噪声降低到允许标准以下时，应采用耳塞、耳罩或防噪声头盔等噪声防护用品。

1.2.2　劳动保护用品的正确使用

（1）正确穿戴工作服。如图 1-8 所示，穿工作服时要把衣领和袖口扣好，上衣不能扎在工作裤里边。工作服不应有破损、孔洞和缝隙，不允许穿粘有油脂或潮湿的工作服。

（2）在仰焊位置焊接、切割时，为了防止火星、熔渣从高处溅落到头部和肩上，焊工应在颈部围毛巾，穿着用防燃材料制成的护肩、长套袖、围裙和鞋盖。

（3）电焊防护手套和焊工防护鞋不应潮湿和破损。

（4）正确选择防护面罩上护目镜的遮光号以及气焊、气割防护镜的眼镜片。

（5）采用输气式头盔或送风头盔时，应使口罩内保持适当正压。在寒冷季节，须将空气适当加热后再供焊工使用。

（6）佩戴各种耳塞时，将塞帽部分轻轻推入外耳道内，使其与耳道贴合，不要用力太猛或塞得太紧。

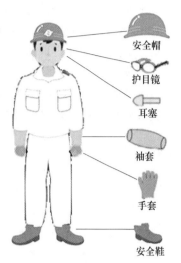

安全帽

护目镜

耳塞

袖套

手套

安全鞋

图 1-8　正确穿戴工作服

1.3　焊接安全检查

1.3.1　焊接场地、设备安全检查

焊接场地、设备安全检查主要为：

（1）检查焊接与切割作业点的设备、工具、材料是否排列整齐，不得乱堆乱放。

（2）检查焊接场地是否保持必要的通道，且车辆通道宽度不小于 3m；人行通道不小于 1.5m。

（3）检查所有气焊胶管、焊接电缆线是否互相缠绕，如有缠绕，必须分开；气瓶用后是否已移出工作场地；在工作场地各种气瓶不得随便横躺竖放。

（4）检查焊工作业面积是否足够，焊工作业面积不应小于 $4m^2$；地面应干燥；工作场地要有良好的自然采光或局部照明。

（5）检查焊割场地周围 10m 范围内，各类可燃易爆物品是否清除干净。如不能清除干净，应采取可靠的安全措施，如用水喷湿或用防火盖板、湿麻袋、石棉布等覆盖。

（6）室内作业应检查通风是否良好。多点焊接作业或与其他工种混合作业时，各工位间应设防护屏。

1.3.2　工夹具的安全检查

为了保证焊工的安全，在焊接前应对所使用的工具、夹具进行检查：

（1）电焊钳。焊接前应检查电焊钳与焊接电缆接头处是否牢固。此外，应检查钳口是否完好，以免影响焊条的夹持。

（2）面罩和护目镜片。主要检查面罩和护目镜是否遮挡严密，有无漏光的现象。

（3）角向磨光机。要检查砂轮转动是否正常，有没有漏电的现象；检查砂轮片是否已经紧固牢固，是否有裂纹、破损，要杜绝使用过程中砂轮碎片飞出伤人。

（4）锤头。检查锤头是否松动，避免在打击中锤头甩出伤人。

（5）扁铲、錾子。应检查其边缘有无飞刺、裂痕。若有，应及时清除，防止使用中碎块飞出伤人。

（6）夹具。各类夹具，特别是带有螺钉的夹具，要检查其上的螺钉是否转动灵活，若已锈蚀则应除锈，并加以润滑，否则使用中会失去作用。

焊接基本知识

2.1 焊接概念、分类

焊接就是通过加热或加压，或两者并用，用或不用填充材料，使焊件达到原子间结合的一种加工工艺方法。

焊接方法发展到今天，其数量已不下几十种。焊接的分类方法很多，如按电极焊接时是否熔化，可以分为熔化极焊和非熔化极焊；按自动化程度又可以分为手工焊、半自动焊、自动焊等。其中最常用的是按焊接工艺特征来进行分类，即熔焊、压焊、钎焊三大类，在每一个大类下又分为若干个小类（见图2-1）。

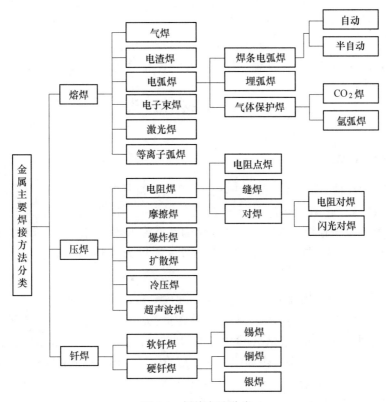

图 2-1　焊接方法分类

A　熔焊

熔焊是在焊接过程中，将焊件接头加热至熔化状态，不加压力完成焊接的方法。在加热的条件下，当被焊金属加热至熔化状态形成液态熔池时，原子之间可以充分扩散和紧密接触。因此，冷却凝固后，可形成牢固的焊接接头。常见的气焊、焊条电弧焊、电渣焊、气体保护电弧焊等都属于熔焊方法。

B　压焊

压焊是在焊接过程中，对焊件施加压力（加热或不加热）以完成焊接的方法。这类焊接有两种形式：一是将被焊金属接触部分加热至塑性状态或局部熔化状态，然后加一定的压力，以便金属原子间相互结合而形成牢固的焊接接头，如锻焊、电阻焊、摩擦焊和气压焊等；二是不进行加热，仅在被焊金属的接触面上施加足够大的压力，借助于压力所引起的塑性变形而使原子间相互接近直至获得牢固的接头，如冷压焊、爆炸焊等均属此类。

C　钎焊

钎焊是采用比母材熔点低的金属材料作钎料，将焊件和钎料加热到高于钎料熔点、低于母材熔点的温度，利用液态钎料润湿母材，填充接头间隙并与母材相互扩散实现连接焊件的方法。常见的钎焊方法有烙铁钎焊、火焰钎焊等。

熔焊、压焊和钎焊三类焊接方法的对比如图 2-2 所示。

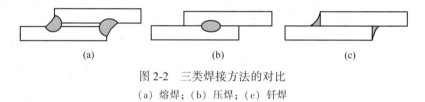

图 2-2　三类焊接方法的对比

（a）熔焊；（b）压焊；（c）钎焊

2.2　焊　接　接　头

2.2.1　焊接接头组成

焊接接头一般由焊缝、热影响区和熔合区组成，如图 2-3 所示。在焊接发生熔化凝固的区域称为焊缝区，它由熔化的母材和填充金属组成。而焊接时母材金属受热的影响（但未熔化）而发生金相组织和力学性能变化的区域称为热影响区。熔合区是焊接接头中焊缝金属与热影响区的交界处，熔合区一般很窄，宽度为 $0.1 \sim 0.4 \mathrm{mm}$。

A　焊缝区

接头金属及填充金属熔化后，又以较快的速度冷却凝固后形成焊缝区。焊缝组织主要是从液体金属结晶的铸态组织，晶粒粗大、成分偏析、组织不致密。但是，由于焊接熔池小、冷却快、化学成分控制严格，碳、硫、磷都较低，还通过合金过渡调整焊缝化学成分，使其含有一定的合金元素。因

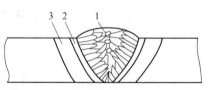

图 2-3　焊接接头组成示意图

1—焊缝区；2—熔合区；3—热影响区

此，焊缝金属的性能一般可以满足性能要求，特别是强度容易达到。

B　熔合区

熔化区和非熔化区之间的过渡部分称为熔合区。熔合区化学成分不均匀，组织粗大，往往是粗大的过热组织或粗大的淬硬组织，因此其性能是焊接接头中最差的。熔合区和热

影响区中的过热区是焊接接头中力学性能最差的薄弱部位，会严重影响焊接接头的质量。

C　热影响区

被焊缝区的高温加热造成组织和性能改变的区域称为热影响区。低碳钢的热影响区可分为过热区、正火区和部分相变区。

（1）过热区。最高加热温度 1100℃ 以上的区域，晶粒粗大，甚至产生过热组织。过热区的塑性和韧性明显下降，是热影响区中力学性能最差的部位。

（2）正火区。最高加热温度从 A_{c3} 至 1100℃ 的区域，焊后空冷得到晶粒较细小的正火组织，正火区的力学性能较好。

（3）部分相变区。最高加热温度从 A_{c1} 至 A_{c3} 的区域，只有部分组织发生相变。此区晶粒不均匀，性能也较差。

2.2.2　影响焊接接头性能的因素

焊接接头的性能决定于它的化学成分和组织。因此，影响焊缝化学成分和焊接接头组织的因素，都影响焊接接头的性能。

A　焊接材料

焊条电弧焊的焊条，埋弧自动焊和气体保护焊等用的焊丝，熔化后成为焊缝金属的组成部分，直接影响焊缝金属化学成分。焊剂也会影响焊缝的化学成分。

B　焊接方法

不同焊接方法的热源，其温度高低和热量集中程度不同，热影响区的大小和焊接接头组织粗细不相同，因此，接头的性能也就不同。此外，不同的焊接方法，机械保护效果也不同，焊缝金属的纯净程度、焊缝的性能也会有差异。

C　焊接工艺

焊接时，为保证焊接质量而选定的物理量（如焊接电流、电弧电压、焊接速度、线能量、气体流量等）的总称，叫做焊接工艺参数。工艺参数变化会影响焊接热输入，从而影响焊缝和热影响区的组织。

2.2.3　焊接接头形式

焊接接头形式主要有对接接头、T 形接头、角接接头、搭接接头四种。有时焊接结构中还有一些其他类型的接头形式，如十字接头、端接接头、卷边接头、套管接头、斜对接接头、锁底对接接头等，具体可参考国家标准《气焊、手工电弧焊及气体保护焊焊缝坡口的基本形式与尺寸》（GB 985—2008）。

对接接头从力学角度看是较理想的接头形式，受力状况较好，应力集中较小，能承受较大的静载荷或动载荷，是焊接结构中采用最多的一种接头形式。根据焊件厚度、焊接方法和坡口准备的不同，对接接头可分为不开坡口对接接头和开坡口对接接头两种。

2.2.4　焊接位置

焊接位置指熔焊时焊件接缝所处的空间位置，有平焊、立焊、横焊、仰焊位置等，在其位置上进行的焊接分别称为平焊、立焊、横焊、仰焊，如图 2-4 所示。

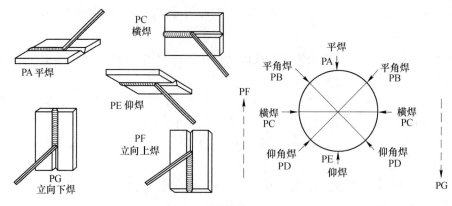

图 2-4　焊接位置示意图

几种常用焊接位置在国际、国内标准中的对照关系及标记的区分见表 2-1。

表 2-1　几种常用焊接位置在国际、国内标准中的对照关系及标记的区分

焊接位置	标准、规范	标记
平焊	ISO 6947：2011	PA
	中国船级社材料与焊接规范：2012	F
	锅炉压力容器压力管道焊工考试与管理规则：2002	1G
横焊	ISO 6947：2011	PC
	中国船级社材料与焊接规范：2012	H
	锅炉压力容器压力管道焊工考试与管理规则：2002	2G
立向上焊	ISO 6947：2011	PF
	中国船级社材料与焊接规范：2012	V
	锅炉压力容器压力管道焊工考试与管理规则：2002	3G
仰焊	ISO 6947：2011	PE
	中国船级社材料与焊接规范：2012	O
	锅炉压力容器压力管道焊工考试与管理规则：2002	4G
立向下焊	ISO 6947：2011	PF
	中国船级社材料与焊接规范：2012	—
	锅炉压力容器压力管道焊工考试与管理规则：2002	—

2.3　焊　接　坡　口

坡口是指焊件的待焊部位加工并装配成的一定几何形状的沟槽。坡口一般用机加工方法加工，要求不高时也可以气割（如果是一类焊缝，需超声波探伤的，则只能用机加工方法），但需清除氧化渣。常见坡口的形式有 X 形坡口，V 形坡口，U 形坡口等，如图 2-5 所示。

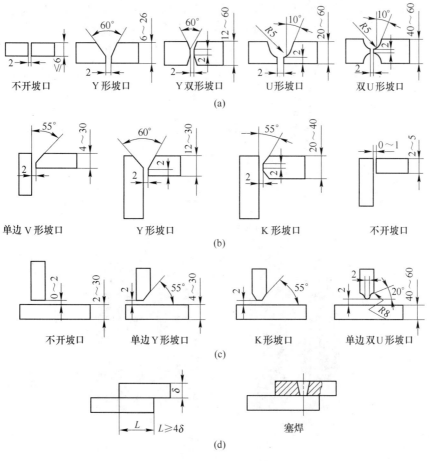

图 2-5 常见坡口形式

2.4 常见的焊接缺陷

焊接接头的不完整性称为焊接缺欠，主要有焊接裂纹、气孔、固体夹杂、未熔合、未焊透、形状缺陷等。这些缺欠会减少焊缝截面积，降低承载能力，产生应力集中，引起裂纹；降低疲劳强度，易引起焊件破裂导致脆断。其中，危害最大的是焊接裂纹和未熔合。

2.4.1 外观缺陷

外观缺陷（表面缺陷）是指不用借助于仪器，从工件表面可以发现的缺陷。常见的外观缺陷有咬边、焊瘤、凹陷及焊接变形等，有时还有表面气孔、表面裂纹和单面焊的根部未焊透等。

2.4.1.1 咬边

咬边（见图2-6、图2-7）指沿着焊趾在母材部分形成的凹陷或沟槽，它是由于电弧将焊缝边缘的母材熔化后没有得到熔敷金属的充分补充而留下的缺口。产生咬边的主要原因是电弧热量太高，即电流太大、运条速度太慢。同时，焊条与工件间角度不正确、摆动不合理、电弧过长、焊接顺序不合理等都会造成咬边。此外，直流电源焊接时电弧的磁偏吹也是产生咬边的一个原因，某些焊接位置（立、横、仰）会加剧咬边。

咬边会减小母材的有效截面积，降低结构的承载能力，同时还会造成应力集中，最后发展为裂纹源。

矫正操作姿势，选用合理的规范，采用良好的运条方式都有利于消除咬边。焊角焊缝时，用交流焊代替直流焊也能有效地防止咬边。

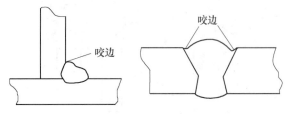

图 2-6　咬边示意图

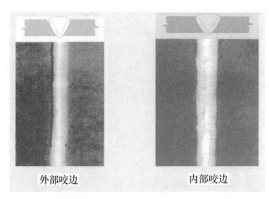

外部咬边　　　　　　内部咬边

图 2-7　咬边实物图

2.4.1.2　焊瘤

焊缝中的液态金属流到加热不足未熔化的母材上或从焊缝根部溢出，冷却后形成的未与母材熔合的金属瘤即为焊瘤，如图 2-8 所示。焊接规范过强、焊条熔化过快、焊条质量欠佳（如偏芯）、焊接电源特性不稳定及操作姿势不当等都容易带来焊瘤，在横、立、仰位置更易形成焊瘤。

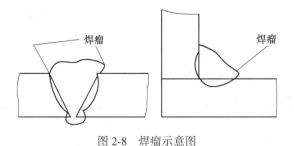

图 2-8　焊瘤示意图

焊瘤常伴有未熔合、夹渣缺陷，易导致裂纹。同时焊瘤改变了焊缝的实际尺寸，会带来应力集中。管子内部的焊瘤减小了它的内径，可能造成流动物堵塞。

防止焊瘤的有效措施有：使焊缝处于平焊位置，正确选用规范，选用无偏芯焊条，合理操作等。

2.4.1.3　凹坑

凹坑指焊缝表面或背面局部低于母材的部分，如图 2-9 所示。凹坑多是由于收弧时焊条（焊丝）未作短时间停留造成的（此时的凹坑称为弧坑），仰、立、横焊时，常在焊缝背面根部产生内凹。凹坑减小了焊缝的有效截面积，弧坑常带有弧坑裂纹和弧坑缩孔。

　　防止凹坑的措施有：选用有电流衰减系统的焊机；尽量选用平焊位置；选用合适的焊接规范；收弧时让焊条在熔池内短时间停留或环形摆动并填满弧坑。

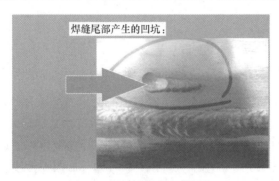

图 2-9　焊缝尾部产生的凹坑

2.4.1.4　未焊满

　　未焊满是指焊缝表面上连续的或断续的沟槽。填充金属不足是产生未焊满的根本原因。规范太弱、焊条过细、运条不当等会导致未焊满。

　　未焊满同样削弱了焊缝，容易产生应力集中；同时，由于规范太弱使冷却速度增大，容易带来气孔、裂纹等。加大焊接电流、加焊盖面焊缝等可防止未焊满。

2.4.1.5　烧穿

　　烧穿是指焊接过程中熔深超过工件厚度，熔化金属自焊缝背面流出而形成的穿孔性缺陷，如图 2-10 所示。

　　焊接电流过大、速度太慢、电弧在焊缝处停留过久都会产生烧穿缺陷；工件间隙太大，钝边太小也容易出现烧穿现象。选用较小电流并配合合适的焊接速度，减小装配间隙，在焊缝背面加设垫板，使用脉冲焊等能有效地防止烧穿。

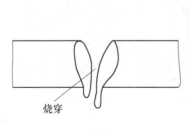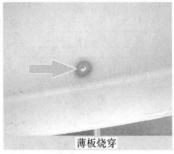

图 2-10　烧穿

2.4.1.6　其他表面缺陷

　　(1) 成形不良。指焊缝的外观几何尺寸不符合要求。有焊缝超高、表面不光滑以及焊缝过宽、焊缝向母材过渡不圆滑等。

　　(2) 错边。指两个工件在厚度方向上错开一定位置，它既可视作焊缝表面缺陷，又可视作装配成形缺陷。

　　(3) 塌陷。单面焊时由于热输入过大、熔化金属过多而使液态金属向焊缝背面塌落，成形后焊缝背面突起、正面下塌的现象。

（4）表面气孔及弧坑缩孔。

（5）各种焊接变形。如角变形、扭曲、波浪变形等都属于焊接缺陷，角变形也属于装配成形缺陷。

2.4.2　气孔和夹渣

2.4.2.1　气孔

气孔是指焊接时熔池中的气体未在金属凝固前逸出而残存于焊缝之中所形成的空穴，如图 2-11 所示。其气体可能是熔池从外界吸收的，也可能是焊接冶金过程中反应生成的。焊接中保护不当、母材或填充金属表面有锈和油污、焊条及焊剂未烘干是产生气孔的主要原因。母材和焊材所含水分在高温下分解出大量气体，如因焊接线能量过小、熔池冷却速度大，熔池在液态下停留时间短，使气体上浮时间不足而残留于焊缝中形成气孔。

气孔从其形状上可分为球状气孔和条虫状气孔；从数量上可分为单个气孔和群状气孔（群状气孔又有均匀分布气孔、密集状气孔和链状分布气孔）；按气孔内气体成分分为氢气孔、氮气孔、一氧化碳气孔等。熔焊气孔多为氢气孔和一氧化碳气孔。

气孔减少了焊缝的有效截面积，使焊缝疏松，从而降低了接头的强度和塑性；气孔也是引起应力集中的因素，氢气孔还可能促成冷裂纹。

防止气孔的措施有：

（1）清除焊丝、工作坡口及其附近表面的油污、铁锈、水分和杂物；

（2）采用碱性焊条、焊剂，并彻底烘干；

（3）采用直流反接并用短电弧施焊；

（4）焊前预热，减缓冷却速度；

（5）用偏强的规范施焊。

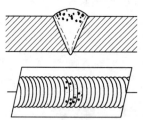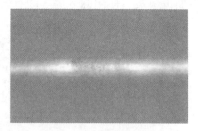

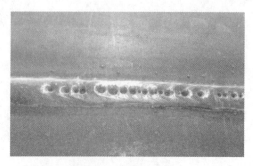

图 2-11　气孔

2.4.2.2　夹渣

夹渣是指焊后熔渣残存在焊缝中的现象。夹渣有金属夹渣和非金属夹渣，金属夹渣指钨、铜等金属颗粒残留在焊缝之中，习惯上称为夹钨、夹铜；非金属夹渣指未熔的焊条药皮或焊剂、硫化物、氧化物、氮化物残留于焊缝之中。按夹渣的分布与形状可分为单个点状夹渣、条状夹渣、链状夹渣和密集夹渣。

造成夹渣的原因主要有：坡口尺寸不合理；坡口有污物；多层焊时层间清渣不彻底；焊条药皮、焊剂化学成分不合理；钨极惰性气体保护焊时电源极性不当；焊条电弧焊时焊条摆动不良等。

2.4.3　裂纹

焊缝中因原子结合遭到破坏形成新的界面而产生的缝隙称为裂纹。图 2-12 所示为焊接裂纹中的纵向裂纹。根据裂纹尺寸大小可分为宏观裂纹、微观裂纹；从产生温度和裂纹产生的机理可分为以下五种裂纹：

纵向裂纹

图 2-12　焊接裂纹

2.4.3.1　热裂纹

热裂纹发生于焊缝金属凝固末期，敏感温度区大致在固相线附近的高温区，最常见的热裂纹是结晶裂纹。其产生原因是在焊缝金属凝固过程中，结晶偏析使杂质生成的低熔点共晶物富集于晶界，形成所谓"液态薄膜"，在特定的敏感温度区（又称脆性温度区）间，焊缝凝固收缩而受到拉应力，最终开裂形成裂纹。结晶裂纹最常见的情况是沿焊缝中心长度方向开裂，为纵向裂纹；有时也发生在焊缝内部两个柱状晶之间，为横向裂纹。影响结晶裂纹的因素有：

（1）合金元素和杂质元素。碳元素以及硫、磷等杂质元素的增加，会扩大敏感温度区，使结晶裂纹的产生机会增多；

（2）冷却速度。冷却速度增大，一是使结晶偏析加重，二是使结晶温度区间增大，两者都会增加结晶裂纹的出现几率；

（3）结晶应力与拘束应力。在脆性温度区内，金属的强度极低，焊接应力又使这部分金属受拉，当拉应力达到一定程度时，就会出现结晶裂纹。

2.4.3.2　冷裂纹

冷裂纹是指在焊后不立即出现，当冷至马氏体转变温度 M_s 点以下产生的裂纹。一般是在焊后一段时间（几小时、几天甚至更长）才出现，故又称为延迟裂纹。冷裂纹主要产生于热影响区，也可能发生在焊缝区。冷裂纹可能是沿晶开裂、穿晶开裂或两者混合出现，其引起的构件破坏是典型的脆断。

淬硬组织、扩散氢含量和拉应力是冷裂纹（这里指氢致裂纹）产生的三大要素。一般来说，金属内部原子的排列并非完全有序的，而是有许多微观缺陷，在拉应力的作用下，氢向高应力区（缺陷部位）扩散聚集，当氢聚集到一定浓度时，就会破坏金属中原子的结合键，金属内就出现一些微观裂纹。应力不断作用，氢不断地聚集，微观裂纹不断地扩展，逐渐发展为宏观裂纹。决定冷裂纹的产生与否，有一个临界的含氢量和一个临界的应力值。当接头内扩散氢的浓度小于临界含氢量，或所受应力小于临界应力时，将不会产生冷裂纹（即延迟时间无限长）。生产中防止冷裂纹的措施主要有：

（1）采用低氢型碱性焊条并严格烘干，并在 100~150℃ 下保存，做到随取随用；

（2）提高预热温度，采用后热措施，并保证层间温度不小于预热温度，选择合理的焊接规范，避免焊缝中出现淬硬组织；

（3）选用合理的焊接顺序，减少焊接变形和焊接应力；

（4）焊后及时进行消氢处理。

2.4.3.3　再热裂纹

再热裂纹指接头冷却后再加热至 500~700℃ 时产生的裂纹。再热裂纹主要产生于沉淀强化的材料（如含 Cr、Mo、V、Ti、Nb 的金属）的焊接热影响区的粗晶区，一般从熔合线向热影响区的粗晶区发展，一般为晶界开裂（沿晶开裂）。

再热裂纹的产生原因为：近缝区金属在高温热循环作用下，强化相碳化物（如碳化铁、碳化钒、碳化钛等）沉积在晶内的位错区上，使晶内强化大大高于晶界强化，尤其是当强化相弥散分布在晶粒内时，阻碍晶粒内部的局部调整和晶粒的整体变形，形成应力松弛而带来的塑性变形主要由晶界金属来承担，造成晶界应力集中而产生裂纹。

2.4.3.4　层状撕裂

层状撕裂的产生主要是由于钢材在轧制过程中，将硫化物（如 MnS）、硅酸盐类等杂质夹在其中，形成各向异性。在焊接应力或外拘束应力的作用下，金属沿轧制方向产生的台阶状开裂，其开裂倾向主要与钢材含硫量和断面横向收缩率有关。

2.4.3.5　应力腐蚀裂纹

应力腐蚀裂纹是指在应力和腐蚀介质共同作用下产生的裂纹。除残余应力或拘束应力的因素外，应力腐蚀裂纹主要与焊缝组织组成及形态有关。

2.4.4　未焊透和未熔合

未焊透指母材金属未熔化，焊缝金属没有进入接头根部的现象，如图 2-13（b）所示。未焊透减少了焊缝的有效截面积，使接头强度下降，同时引起应力集中，降低焊缝的疲劳强度。

未熔合是指焊缝金属与母材金属，或焊缝金属之间未熔化结合在一起的缺陷如图 2-13（a）所示。按其所在部位，未熔合可分为坡口未

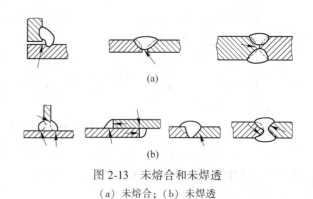

图 2-13　未熔合和未焊透
（a）未熔合；（b）未焊透

熔合、层间未熔合和根部未熔合三种。未熔合是一种面积型缺陷，坡口未熔合和根部未熔合对承载截面积的减小都非常明显，应力集中也比较严重，其危害性仅次于裂纹。

3 焊接技术与工程实习实训大纲

3.1 焊接技术与工程认识实习大纲

3.1.1 实习目的及任务

认识实习是在学生完成基础课即将进行专业基础课和专业课学习之前进行的，让学生通过现场参观对焊接车间、焊接工装及夹具、焊接设备、焊接结构的生产工艺过程有概括性了解，为后续课程学习打下实践基础。

3.1.2 实习基本要求

通过生产现场的观察、体会，以及技术讲座、查阅图纸和工艺文件等丰富多彩的形式，充分接触和熟悉焊接方法与设备、焊接工艺及焊接材料、焊接结构、焊接质量检验及生产管理等方面的生产实际，进而加深对课堂上所学的焊接专业基础知识的理解和融会贯通，并逐步培养学生的工程意识。

3.1.3 实习内容

（1）组织学生进行实习单位的车间及技术部门的参观，了解企业典型产品的结构特点及在各个车间的生产情况；

（2）了解焊接工艺及设备在焊接结构产品（如锅炉、压力容器、摩托车、汽车等）生产中的应用情况，所采用的工装及工艺措施；

（3）了解焊接结构产品的下料手段，热处理方式及所用设备；

（4）了解焊接结构产品的焊接工艺评定制订过程，生产工艺及流程的制定；

（5）了解焊接探伤及无损检测等方法的应用情况；

（6）了解焊接工装及夹具在生产实际中的应用；

（7）了解企业采用的各种先进焊接技术的工艺原理及特点。

3.1.4 实习安排

实习安排见表 3-1。

表 3-1　认识实习中参观的重点（以电站锅炉产品为例）

项目内容	序号	讲解内容	参观内容	时间安排
安全教育	1	入厂、车间、班组三级安全教育		0.5 天

续表 3-1

项目 内容	序号	讲解内容	参观内容	时间安排
典型产品结构讲座	2	（1）锅炉工作原理； （2）锅炉结构； （3）锅炉制造质量控制点	锅炉模型、待发运锅炉实际产品	0.5天
产品制作工艺流程	3	（1）锅炉制造工艺流程； （2）锅炉制造中先进设备工作原理、技术特点； （3）典型焊缝焊接工艺解释	（1）车间布置； （2）车间部件工艺流程； （3）典型焊接设备及工艺	1天
焊接检验	4	（1）常用无损探伤原理、方法、应用范围； （2）无损探伤人员技术要求、探伤中的安全和自我保护等	（1）探伤室及探伤设备； （2）典型探伤焊接接头； （3）探伤设备基本操作要领	1天
焊接工艺评定	5	（1）焊接工艺评定资质； （2）焊接工艺评定流程	（1）企业焊接培训中心； （2）工艺评定中的实验设备、试样； （3）工艺评定报告	1天
总结、讨论、报告整理	6	（1）回答实习中的问题； （2）以提问方式了解学生实习收获情况		1天

3.2　焊接方法认知实训大纲

3.2.1　实训目的及任务

焊接方法认知实训是焊接技术与工程专业的一门实践课，学生在学习完"焊接冶金学"、"材料成型及控制工程导论"等专业基础课的前提下，初步了解常用的 5 种电弧焊方法（焊条电弧焊、钨极氩弧焊、埋弧焊、熔化极惰性气体保护焊、CO_2气体保护焊）的原理、设备组成等，了解其基本操作步骤和方法，通过直观的了解为后续专业课的学习打下实践基础。

3.2.2　实训基本要求

通过老师讲解和演示，学生观察及实际练习，让学生初步了解常用的 5 种电弧焊方法的原理、设备组成，了解其基本操作方法。培养学生安全生产和确保安全的意识。

3.2.3　实训内容

（1）了解实验室及设备操作安全规则，要求自觉遵守安全条例；
（2）了解电弧焊焊接设备中的焊接电源、控制系统、焊钳等部分的构成及其电力、电信号、气体、水的接口、管道及联接关系，掌握连接方法；

（3）了解焊接设备的控制系统功能、控制面板构成，掌握焊接参数设置的操作方法；

（4）了解焊接设备的焊接操作程序，掌握使用焊接设备进行平板堆焊的操作方法；

（5）了解常用焊材的种类、牌号、存放和处理方法；

（6）了解工件焊前清理打磨的工具和方法，掌握手持电动砂轮机打磨工件的安全操作方法。

3.2.4 实训安排

实训安排见表 3-2。

表 3-2　认知实训中讲解、演示和练习的重点

项目内容	序号	讲解内容	演示内容	练习内容	时间安排
安全防护	1	（1）焊接安全； （2）个人防护	—	—	0.5 天
焊条电弧焊	2	（1）设备组成； （2）电源极性； （3）焊条种类及烘干	（1）引弧； （2）运条； （3）基本操作要领	（1）引弧； （2）运条； （3）平板堆焊	1 天
钨极氩弧焊	3	（1）设备的构成； （2）电弧的特性及控制方法	（1）钨极打磨； （2）TIG 焊设备的操作	（1）引弧； （2）板堆焊	1 天
埋弧焊	4	（1）设备组成； （2）焊剂种类及烘干	（1）引弧和收弧； （2）焊接速度设置； （3）基本操作要领	（1）工件打磨； （2）板堆焊	0.5 天
MIG/MAG 焊	5	（1）设备的构成； （2）保护气体种类及质量要求	（1）气体流量调节； （2）基本操作要领	（1）工件打磨； （2）板堆焊	1 天
CO_2 气体保护焊	6	（1）设备的构成； （2）参数设计	（1）气体流量调节； （2）基本操作要领	（1）工件打磨； （2）板堆焊	1 天

3.3　焊接操作技能训练大纲

3.3.1　实训目的及任务

焊接操作技能训练为焊接技术与工程专业必修实践课，与应用型大学人才培养目标相适应，要求学生在完成相关专业理论课程学习的基础上，通过实际练习掌握常用的 5 种电弧焊的操作要领，基本达到初级焊工的操作水平，为后续专业课、尤其是毕业设计等的实施打下实践基础。

3.3.2　实训基本要求

课程以大量焊接操作为主，穿插理论指导性教学，学习各种坡口形式、各种焊接位置

的手工电弧焊操作，并且学会二氧化碳气体保护焊、氩弧焊等特殊焊接操作及设备调节技术，了解埋弧焊、等离子弧切割设备的调节和使用。掌握焊接安全操作规程，养成良好的焊接职业习惯。

3.3.3　实训内容

（1）实训场地规章制度及焊接文明生产要求，安全用电知识，防火防爆的措施；

（2）焊接设备常用工具及卫生防护用品，职业病和意外伤害预防及其急救措施；

（3）焊条电弧焊焊前准备工作，平板堆焊，平板对接焊（单面）、平板对焊（单面焊双面成形）；

（4）焊条电弧焊全位置焊接练习（横焊、立焊、仰焊等）；

（5）CO_2气体保护焊、钨极氩弧焊、电阻焊、埋弧焊、空气等离子弧切割的基本操作要领；

（6）焊缝表面质量检验方法及结果评判。

3.3.4　实训安排

实训安排见表3-3。

表 3-3　焊接操作技能训练讲解、演示和练习的重点

项目内容	序号	讲解内容	演示内容	练习内容	时间安排
安全防护	1	（1）焊接安全、文明生产； （2）个人防护	焊接防护设备的使用	焊接防护设备的使用	0.5 天
气焊气割	2	（1）设备组成、工作原理； （2）操作规范及要领	（1）气体调节； （2）速度调节； （3）回火	（1）气体调节； （2）火焰调节； （3）板切割	0.5 天
等离子切割	3	（1）设备组成、工作原理； （2）操作规范及要领	（1）引弧； （2）速度调节； （3）板切割	（1）引弧； （2）板切割	0.5 天
焊条电弧焊	4	（1）设备组成； （2）电源极性； （3）焊条种类及烘干； （4）平板堆焊； （5）平板对接（单面）； （6）平板对接（单面焊双面成形）； （7）全位置焊接	（1）平板堆焊； （2）平板对接（单面）； （3）平板对接（单面焊双面成形）； （4）全位置焊接	（1）平板堆焊； （2）平板对接（单面）； （3）平板对接（单面焊双面成形）； （4）全位置焊接	3 天
钨极氩弧焊	5	（1）设备的构成、（2）焊接特点、适用对象； （3）电弧的特性及控制方法	（1）钨极打磨； （2）平板堆焊； （3）平板对接（打底焊）	（1）平板堆焊； （2）平板对接（打底焊）	1 天

续表 3-3

项目＼内容	序号	讲解内容	演示内容	练习内容	时间安排
埋弧焊	6	（1）设备组成； （2）焊剂种类及烘干； （3）焊接特点、适用对象	（1）引弧和收弧； （2）焊接速度设置； （3）平板对接	厚板的平板对接	1 天
MIG/MAG 焊	7	（1）设备的构成； （2）保护气体种类及质量要求	（1）气体流量调节； （2）基本操作要领	（1）工件打磨； （2）板堆焊	1.5 天
CO_2 气体保护焊	8	（1）设备的构成； （2）焊接参数与熔滴过渡方式； （3）参数设计	（1）气体流量调节； （2）平板对接； （3）T 型接头角焊缝	（1）平板对接； （2）T 型接头角焊缝	2 天

3.3.5 实训考核

（1）焊条电弧焊单面焊双面成形。

（2）CO_2 气体保护焊 T 型接头角焊缝。

（3）考核内容主要包括各个操作项目的结果（60%），理论成绩（30%），平时表现（10%），考核结果采用五级记分制（优、良、中、及格、不及格）。

3.4 焊接技术综合实训大纲

3.4.1 实训目的及任务

焊接技术综合实训是焊接技术与工程专业的一门必修实践课，是焊接技术与工程专业学生完成相关专业课程学习后进行的一个重要的独立性综合实践教学环节。其目的在于使学生掌握焊接工艺和焊接接头性能的评价内容，熟悉焊件的工艺流程、焊缝与焊接热影响区的显微组织表征、焊接接头力学性能表征方法和相关设备等；同时，培养学生焊接工艺实施能力与分析评价焊接接头质量的能力，为后续专业课、尤其是毕业设计的独立顺利实施等打下实践基础。

3.4.2 实训基本要求

学生根据老师布置的课题，独立进行结构及材料焊接性分析、焊材匹配、焊接工艺设计、试件的制作、焊缝外观质量检测、焊接接头力学性能（拉伸、弯曲、显微硬度、冲击等）检测、焊接接头微观组织表征等，并依据测试结果对焊接结构和工艺的正确性、经济性进行评判和工艺完善。

3.4.3 实训内容

（1）焊接性分析：结合焊接结构和母材从缺陷预防、接头性能保证、使用环境的适应性等方面进行焊接性分析，焊接性评定试验；

（2）焊接材料选择：根据母材的要求选取相应的焊接材料；

（3）焊接方法与设备选择：根据母材与焊材选用合适的焊接方法与焊接电源（设备），熟悉焊接电源（设备）的操作规程；

（4）焊接工艺：根据题目需求，制定合适的焊接工艺；

（5）焊接试样制备：按拟定的工艺焊接结构或试样；

（6）焊接接头质量评价与缺陷分析：焊缝表面检测、采用无损检测方法对焊接接头进行质量评价和缺陷分析；

（7）焊接接头力学性能试验：按相关标准加工检测试样，进行拉伸、弯曲、显微硬度、冲击测试；

（8）显微组织表征：金相试样制备，焊缝与焊接热影响区显微组织（金相）观察及分析；

（9）焊接接头特殊性能试验：耐蚀性、耐热性、低温韧性等；

（10）结构及工艺准确性分析：根据力学性能和微观组织结构，分析、评判焊接工艺的准确性和经济性。

3.4.4　实训安排

实训安排见表 3-4。

表 3-4　技术综合实训分解计划及重点

项目 内容	序号	讲解内容	训练内容	时间安排
任务下达	1	安全知识讲解，实训任务内容、要求	—	0.5 天
焊接性分析及试验	2	结构工作环境、性能要求等	焊接性试验	0.5 天
焊材及焊接设备选择	3	焊材选择原则	（1）焊材及焊接设备选择； （2）焊接设备操作	0.5 天
焊接工艺拟定	4	分析讨论工艺，完善焊接工艺	查阅资料，制定合理的焊接工艺	1 天
焊接试样制备	5	所选焊接方法操作要点	按拟定的焊接工艺制备试样	1 天
焊接接头质量评价	6	常用无损检测方法的原理，适用缺陷检测类型	（1）焊缝表检； （2）焊缝无损检测（PT、UT）	1.5 天
焊接接头性能	7	相关国家标准和设备操作要点讲解	（1）试样制备； （2）拉伸、弯曲、显微硬度、冲击测试； （3）耐蚀性、耐热性、低温韧性等	3 天

续表 3-4

项目 内容	序号	讲解内容	训练内容	时间安排
显微组织表征	8	金相制备和显微镜操作要点讲解	（1）试样制备； （2）金相观察	1.5 天
结构及工艺准确性分析	9	分析实验结果	撰写实训报告	0.5 天

3.5 焊接技术与工程生产实习大纲

3.5.1 实习目的及任务

生产实习是在学生完成基础课和部分专业课学习的基础上进行的一门必修实践课，主要通过生产现场的观察、体会，以及现场技术讲座、查阅图纸和工艺文件等丰富多彩的形式，充分接触和熟悉焊接车间布置、焊接方法与设备、焊接工艺及焊接材料、焊接结构、焊接质量检验、焊接工装夹具及生产管理、焊接工艺评定等生产实际方面的内容，进而加深对课堂上所学的焊接专业基础知识的理解和融会贯通，培养学生工程意识和解决现场生产问题的能力，为后续专业课、尤其是毕业设计等的学习或进行打下实践基础，培养学生遵守劳动纪律和规则、规范的习惯，并逐步实现从学生向生产技术人员的角色转换。

3.5.2 实习基本要求

根据企业生产任务安排，采用技术专题讲座和学生分组下车间跟班实作的方式穿插进行；实习期间，遵守实习车间的规章制度和作息时间；在实习单位统一安排下，深入车间的各个工序现场，了解产品各部分的生产工艺和装配过程，了解产品工艺及设备、技术措施、安全防护等知识。

3.5.3 实习内容

（1）实习动员及实习准备；

（2）掌握实习单位典型产品的组成、结构特点和各部分功能；

（3）掌握典型产品工艺流程，重点焊缝焊接工艺；

（4）掌握典型产品生产车间布置；

（5）掌握典型产品制造中的重点焊接设备工作原理、技术特点、参数设置、操作要领等；

（6）掌握典型产品工艺中的焊接工装和夹具使用；

（7）掌握无损检测方法、操作要领及结果评判；

（8）掌握焊接工艺评定制订过程和工艺试验设计基本原则；

（9）掌握常用焊接材料生产工艺流程；

（10）掌握常用焊接材料生产的车间布置、关键重点设备等。

3.5.4　实习安排

实习安排见表 3-5。

表 3-5　生产实习实施计划安排（以电站锅炉制造企业为例）

项目内容	序号	讲解内容	实习内容	时间安排
实习动员及实习准备	1	（1）实习方法、内容、注意事项； （2）实习物资准备	按要求做好实习准备	1 天
安全教育	2	（1）入厂、车间、班组三级安全教育； （2）保密教育	安全知识考试合格	1 天
典型产品结构	3	（1）电站锅炉汽包工作原理 （2）电站锅炉汽包结构及功能讲座	（1）观看火力发电厂录像； （2）电站锅炉汽包模型和待发运实物	1 天
电站锅炉管子焊接工艺	4	（1）管子材料及焊材； （2）管道焊接工艺流程及质量控制； （3）管道焊接方法及关键重点设备； （4）典型焊接工艺分析	（1）水冷壁蛇形管结构特点； （2）水冷壁蛇形管车间布置； （3）水冷壁蛇形管生产工艺流程； （4）水冷壁蛇形管焊接典型设备（热丝 TIG 焊、工业电视等）； （5）车间技术资料查阅	3.5 天
汽包焊接工艺	5	（1）汽包材料及焊材； （2）汽包焊接工艺流程及质量控制； （3）汽包焊接方法及关键重点设备； （4）典型焊接工艺分析	（1）汽包结构特点； （2）汽包车间布置； （3）汽包生产工艺流程； （4）汽包焊接典型设备（埋弧焊机、水压机等）； （5）汽包焊接工装夹具； （6）车间技术资料查阅	3.5 天
焊接检验	6	（1）无损探伤分类、原理、适用检测缺陷类型； （2）无损检测安全防护； （3）无损检测设备、操作要领； （4）无损检测从业要求	（1）车间 RT 室； （2）UT、PT、RT 探伤现场参观； （3）探伤检测报告学习讨论； （4）已探伤过的送检件 UT、PT 实际操作	2 天
焊接工艺评定	7	（1）焊接工艺评定资质； （2）焊接工艺评定流程； （3）压力容器标准相关规定； （4）典型评定报告分析	（1）企业焊接培训中心； （2）工艺评定中的实验设备、试样； （3）查阅工艺评定报告； （4）分组进行简单产品的工艺评定并编写报告	3 天

内容＼项目	序号	讲解内容	实习内容	时间安排
焊接材料	8	（1）焊接材料生产流程及质量控制； （2）焊接材料生产关键重点设备； （3）焊接材料性能检测	（1）焊条生产车间实习； （2）焊丝（实芯、药芯）生产车间实习； （3）焊剂生产车间实习； （4）焊条试制及性能检测	4 天
总结、讨论、报告整理	9	（1）回答实习中的问题； （2）以提问方式了解学生实习收获情况	撰写实习报告	1 天

4 气 焊 气 割

气焊是利用可燃气体与氧气按一定的比例混合燃烧时形成的高温火焰进行焊接的工艺方法。可燃气体有乙炔、液化石油气、天然气、煤气、氢气等。因乙炔在纯氧中燃烧时，火焰温度可达 3000~3300℃，放出的热量较多，火焰温度高，故使用最普遍，这种气焊也称为氧-乙炔焊，简称气焊。

气焊一般适用于薄钢板、有色金属材料、铸铁等的焊接，目前气焊主要应用于建筑、安装、维修及野外施工条件下的钢铁材料焊接。气焊具有熔池温度和火焰温度容易控制、便于对工件进行预热和后热、可进行全位置焊接和设备简单等优点。此外，气焊还便于预热和后热，且不需要电源，常用于薄板焊接、铸铁焊补和没有电源的野外施工等。气焊的缺点主要是火焰热量分散、加热面积大、接头热影响区宽，易造成工件变形等。

气割是利用燃气与氧混合燃烧产生的热量将工件加热到金属的燃烧温度，通过割炬喷嘴喷出的切割氧流，吹掉熔渣形成割缝的工艺方法。简单说，气割是利用金属与纯氧燃烧的原理切割金属的加工方法。气割过程包括预热、燃烧和排渣三个阶段，主要用于低碳钢低合金钢的切割，切割厚度可达 300mm；气割具有可切厚度大、割口宽度小、能量消耗小的特点。

目前的切割技术除氧乙炔火焰切割外，还包括等离子切割、激光切割、水射流切割等。可切割材料由通常的碳钢发展到高合金钢、不锈钢、有色金属、陶瓷、塑料等。

4.1 气焊气割实训要求

随着气体保护焊、等离子弧焊等先进焊接方法的广泛应用，气焊的应用范围越来越小，但气焊在有色金属焊接中仍有独特的优势。气焊气割实训应由经验丰富的老师进行现场讲解、演示和实训指导。学生实训中讲解、演示、练习的重点和时间分配见表 4-1，最后的考核方式为每位学生用气割方法切割 Q235 低碳钢 300mm×150mm×6mm 的试板一块，然后在试板上用气焊方法堆焊焊缝一条，焊丝用 H08A。

表 4-1 气焊气割实训讲解、演示和练习的重点

项目 内容	时间（共 0.5 天） /min	老师讲解内容	老师现场演示内容	学生操作 练习
安全防护	10	（1）场地安全； （2）焊接操作安全； （3）个人防护	个人防护	—
气焊设备及 火焰调节	30	气焊设备组成	（1）气焊设备； （2）气体调节； （3）火焰调节及回火防止； （4）送丝手法	—

续表 4-1

内容 \ 项目	时间（共0.5天）/min	老师讲解内容	老师现场演示内容	学生操作练习
气焊设备及火焰调节	10	影响火焰能率因素	火焰大小调节	—
	20	—	—	（1）气体调节；（2）火焰调节；（3）送丝手法
气焊	30	气焊操作要领	（1）演示堆焊、左焊法、右焊法；（2）坡口加工	—
	30	—	—	气焊平板堆焊
气割	10	（1）坡口准备；（2）影响切割质量的因素	气焊坡口切割	—
	10	气割操作要领	演示气割	—
	30	—	—	气割操作练习
考核	60	（1）每人切割一块 300mm×150mm×6mm 试板；（2）在切割的试板上进行平板堆焊；（3）优秀、良好、中等、及格、不及格五级		

4.2　焊接设备及火焰调节

4.2.1　气焊气割的设备组成

气焊、气割设备包括氧气瓶、乙炔瓶、减压器、回火防止器、焊（割）炬和氧气胶管、乙炔胶管等，如图4-1所示。

4.2.1.1　气瓶

气焊、气割用的气瓶有氧气瓶、乙炔瓶和液化石油气瓶，分别属于压缩气瓶、溶解气瓶和液化气瓶。

氧气瓶是用来储存和运输氧气的高压容器，通常将从空气制取的氧气压入瓶内，瓶内的氧气压力是 $150kg/cm^2$（15MPa），水压试验压力为 22.5MPa。氧气瓶是由低合金钢或碳素钢制成的，外表喷涂天蓝色漆并用黑漆写"氧气"字样以区别其他气瓶，其容积一般为40L，质量约55kg，氧气瓶3年必须检查一次。

氧气瓶出口端的氧气表有两方面的作用，一是把储存在气瓶内的高压气体减小到所需

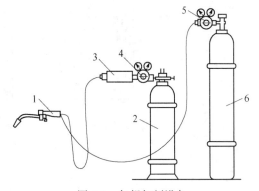

图 4-1　气焊气割设备

1—焊炬；2—乙炔瓶；3—回火安全器；
4—乙炔减压器；5—氧气减压器；6—氧气瓶

的工作压力（低压气体，约 0.2MPa），二是使工作压力及流量在工作过程中保持稳定不变。

乙炔瓶是一种钢质圆柱容器，由瓶体、瓶阀、瓶帽和多孔性填料等组成，瓶体外还有防振橡胶圈。瓶体外表面漆白色，用红色油漆写有"乙炔"和"不可近火"字样，内装 15 个大气压（1.5MPa）的乙炔，乙炔钢瓶的最高工作压力为 2.0MPa，应配置专用的减压器。乙炔瓶储存时，一般要保持直立位置，并应有防止倾倒的措施。

液化石油气瓶由瓶体、瓶阀、瓶座和护罩等组成，气瓶外表面为银灰色，漆有红色"液化石油气"字样，其工作压力一般为 1.6MPa。

4.2.1.2　回火防止器

气焊气割正常情况下，喷嘴里混合气流出速度与混合气燃烧速度相等，气体火焰在喷嘴口稳定燃烧；如果混合气流出速度比燃烧速度快，则混合气离开喷嘴一段距离再燃烧；如果喷嘴里混合气流出速度比燃烧速度慢，则气体火焰就进入喷嘴逆向燃烧，通常称之为回火。造成混合气流出速度比燃烧速度慢的主要原因有：

（1）焊炬和焊嘴、割炬和割嘴过热，混合气在喷嘴内就已开始燃烧；

（2）焊嘴和割嘴堵塞，混合气不易流出；

（3）焊嘴和割嘴离工件太近，喷嘴外气体压力大，混合气不易流出；

（4）乙炔压力过低或输气管太细、太长、曲折、堵塞等；

（5）焊炬失修、阀门漏气或射吸性能差，气体不易流出。

回火后仍燃烧的火焰，可能通过乙炔胶管进入乙炔发生器内，产生燃烧爆炸事故，因而要在乙炔通路中装置回火防止器（见图 4-2），回火防止器能够阻断燃烧的火焰。

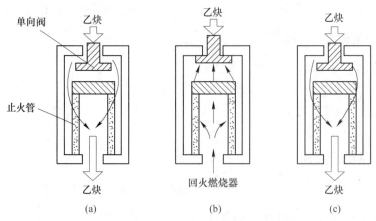

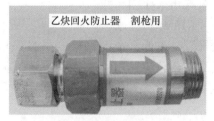

图 4-2　回火防止器

（a）正常工作；（b）发生回火；（c）恢复正常

乙炔与纯铜、银、汞等金属长期接触后，会生成爆炸敏感性极强的化合物乙炔铜、乙炔银等，当受到剧烈震动或温度达 110～120℃ 时，就能爆炸，因此，凡供乙炔使用的工具，都不能用银和铜含量在 70% 以上的铜合金制成。

4.2.1.3 焊炬

焊炬又称焊枪（见图 4-3），是气焊操作的主要工具。焊炬的作用是将可燃气体和氧气按一定比例均匀地混合，以一定的速度从焊嘴喷出，形成一定能率、一定成分、适合焊接要求和稳定燃烧的火焰。焊炬的好坏直接影响气焊的焊接质量，因而要求焊炬应具有良好的调节氧气与可燃气体的比例和火焰能率的性能，使混合气体喷出的速度等于或大于燃烧速度，以使火焰稳定燃烧；同时焊炬的重量要轻，以便使用时操作方便、安全可靠。

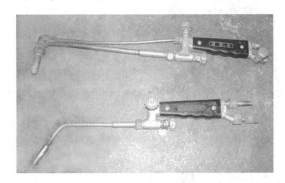

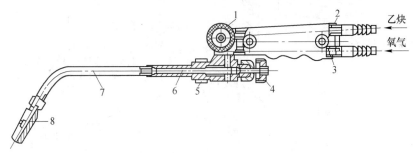

图 4-3 焊炬

1—乙炔阀；2—乙炔导管；3—氧气导管；4—氧气阀；
5—喷嘴；6—射吸管；7—混合气管；8—焊嘴

焊炬按可燃气体与氧气的混合方式分为等压式和射吸式两类；按尺寸和重量分为标准型和轻便型两类；按火焰的数目分为单焰和多焰两类；按可燃气体的种类分为乙炔、氢气、汽油等类；按使用方法分为手用和机械两类。

焊炬使用时需要注意：

（1）焊炬上各气路通道及接口处不得沾有油污，以防爆炸；

（2）射吸式焊炬使用时必须先检查射吸情况是否正常，即先打开焊炬上的乙炔调节阀，接上氧气胶管并由减压器向焊炬输氧气，打开焊炬上的氧气调节阀，此时乙炔接头处应当有吸力，如果没有，需要检查；

（3）等压式焊炬使用时必须先检查焊炬的各气路是否通畅；

（4）氧气胶管和乙炔胶管的接头处需用细铁丝扎紧，焊炬各气路通道要保证不漏气；

（5）点火时，先稍稍打开氧气调节阀，再打开乙炔调节阀，将火焰调节合适，如调不出合适的火焰，表明可能有漏气或堵塞之处；

（6）使用过程中，一旦发生回火，应先关闭乙炔调节阀，随即关闭氧气调节阀，待回火熄灭后，略等少许时间，再打开氧气调节阀，用氧气吹掉残存在焊炬内的烟尘；

（7）工作结束时先关闭乙炔阀，再关闭氧气阀，可防止回火并减少烟尘。

4.2.2　气焊火焰

气焊时，气体火焰（见图4-4和表4-2）既是气焊的热源，又起机械保护作用，隔绝空气，还与熔池金属发生化学冶金反应，影响焊缝的化学成分，对气焊的质量有很大影响。氧乙炔焰的燃烧过程有3个阶段：

第一阶段为乙炔分解：$C_2H_2 = 2C + H_2$；

第二阶段为游离碳与纯氧燃烧：$2C + O_2 = 2CO$，这是可燃气体在混合气中燃烧，称为一次燃烧，一次燃烧形成的火焰叫一次火焰；

第三阶段是一次燃烧的中间产物与外围空气再次反应而生成稳定的最终产物，称为二次燃烧，即，$CO + H_2 + O_2 = CO_2 + H_2O$。二次燃烧形成的火焰叫二次火焰。

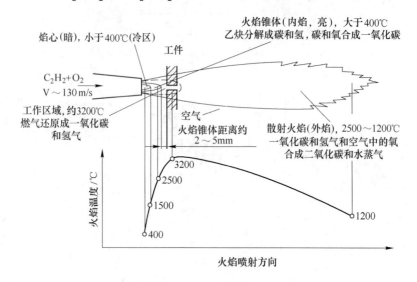

图4-4　气焊火焰

表4-2　火焰不同部位的温度

距离内部焰心/mm	温度/℃
3	3050~3150
4	2850~3050
11	2650~2850
20	2450~2650

4.2.2.1　氧乙炔焰分类

氧乙炔焰按氧乙炔混合比（氧气与乙炔的混合比例）或按火焰的性质分为中性焰、碳化焰和氧化焰。

（1）中性焰。中性焰是氧乙炔混合比为 1.0~1.2 时燃烧形成，在一次燃烧区内既无过量氧又无游离碳的火焰。其主要特征是亮白色的焰心端部有淡白色火苗时隐时现地跳动，中性焰在焰心端前 2~4mm 处温度最高，达 3150℃。中性焰广泛用于低碳钢、中碳钢、低合金钢、不锈钢、铜、铝及铝合金等金属材料的焊接。

（2）碳化焰。碳化焰是氧乙炔混合比小于 1.0，火焰中含有游离碳，具有较强的还原作用，还有一定渗碳作用的火焰。其主要特征为焰心、内焰、外焰很明显，内焰呈淡白色，焰心也呈亮白色（有游离碳）。碳化焰的最高温度不超过 3000℃，可用于铸铁、高碳钢、高速钢等的气焊和硬质合金堆焊、钎焊等。

（3）氧化焰。氧化焰是氧乙炔混合比大于 1.2，火焰中有过量氧，在尖形焰心外面形成一个具有氧化性的富氧区的火焰。其主要特征是焰心颜色不亮，既没有淡白色的内焰，焰心端部也没有淡白色火苗跳动，焰心外面没有内焰、外焰之分。氧化焰的最高温度可达 3300℃，因具有氧化性，只有在气焊黄铜、锡青铜和镀锌铁皮等时才采用轻微氧化焰，以利用其氧化性生成一层氧化物膜覆盖在熔池表面上，减少低熔点的 Zn、Sn 蒸发。

4.2.2.2 点火

点火之前，先检查氧气瓶连接是否安全、有无漏气，乙炔瓶连接是否安全、有无漏气，胶管有无漏气，焊炬是否关闭。

点火前，把氧气瓶和乙炔瓶上的总阀打开（注意乙炔阀开半圈），然后转动减压器上的调压手柄（顺时针旋转），将氧气和乙炔调到工作压力，工作压力按照使用焊枪类型调节。再打开焊枪上的乙炔调节阀，开少许氧气，如果氧气开得太大，用明火点燃时就会因为气流太大而出现啪啪的响声，而且还不易点燃；如果不开氧气助燃点火，虽然也可以点燃，但是黑烟较大。点火时，手应放在焊嘴的侧面，不能对着焊嘴，以免点燃后喷出的火焰烧伤手臂。

4.2.2.3 调节火焰

刚点燃的火焰是碳化焰，逐渐开大氧气阀门，改变氧气和乙炔的供气比例，根据被焊材料性质及厚薄要求，调到所需的中性焰、氧化焰或碳化焰。如图 4-5 所示，需要大火焰时，应先把乙炔调节阀开大，再调大氧气调节阀；需要小火焰时，应先把氧气关小，再调小乙炔。

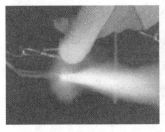

图 4-5　火焰调节

4.2.2.4 气焊焊接参数

气焊焊接参数包括焊丝直径、火焰能率、气体压力、焊嘴倾角和焊接速度等。

气焊焊丝直径根据焊件厚度选择（见表 4-3）。

表 4-3　气焊焊丝直径选择

焊件厚度/mm	1~2	2~3	3~5
焊丝直径/mm	1~2	2	2~3

每小时可燃混合气的消耗量（L/h）称为火焰能率（火焰大小）。由焊炬和焊嘴的号码来决定，焊嘴越大火焰能率就越大，火焰能率的选择要根据焊件的厚度、焊缝的空间位置和材料的热物理性能等因素。厚大件选用较大的火焰能率，熔点高、导热性强的材料选用较大的火焰能率。

气焊时，氧气压力一般为 0.2~0.4MPa，乙炔工作压力不超过 0.1MPa，可通过调节减压器获得所需压力。

焊嘴倾角指焊嘴与焊件的倾斜角度，也就是焊嘴中心线与焊件平面之间的夹角。气焊时焊嘴倾角需要根据焊件和熔池的温度改变，开始时为形成熔池焊嘴垂直于焊件，熔池形成后转为正常焊嘴倾角；当熔池温度高、熔深太大时，应减小焊嘴倾角；熔池温度低、加热慢时，应加大焊嘴倾角；焊接结束，焊到焊件边缘，要减小焊嘴倾角。焊炬倾斜角与焊件厚度关系如图 4-6 所示。

焊接速度由操作人员根据焊件厚度和所需熔深而确定。

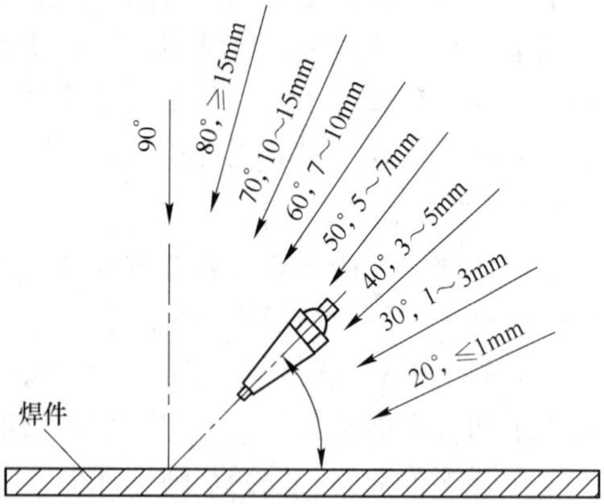

图 4-6　焊炬倾斜角与焊件厚度的关系

4.2.2.5　左焊法与右焊法

气焊操作方法有两种，一种左向焊，另一种右向焊，如图 4-7 所示。二者主要的区别在于焊炬和焊丝上的操作有所不同。左焊法焊接时焊嘴由右向左移动，焊接火焰指向未焊部分，填充焊丝位于火焰的前方，焊炬与工件水平面成 60°~70° 角，焊丝与工件水平面成 30°~40° 角。左焊法适用于板厚小于 3mm 的件，焊丝可间断送进，堆焊时焊枪进行摆动；由于操作者容易观察熔池及工件表面的加热情况，能保证焊缝的宽度和高度均匀。但厚度超过 5mm 的工件可能会产生未焊透缺陷，不宜采用左焊法。

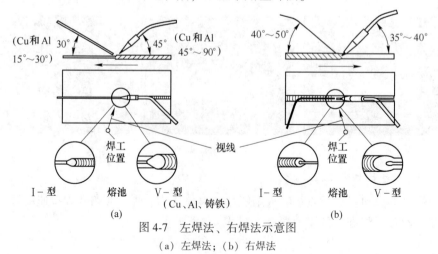

图 4-7　左焊法、右焊法示意图
（a）左焊法；（b）右焊法

右焊法焊接时焊嘴由左向右移动，焊接火焰指向已焊部分，填充焊丝位于火焰的后方，焊炬与工件水平面成35°~40°角，而焊丝与工件水平面成40°~50°角。焊炬成直线或左右摆动前进，焊丝进行上下运动。右焊法适用于板厚在3mm以上工件，具有能保护焊缝、易焊透、焊道较窄、用气量少等优点。

左焊法、右焊法中焊炬和焊丝的摆动方法如图4-8所示。

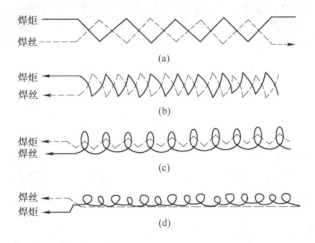

图4-8 焊炬和焊丝的摆动方法
(a) 右焊法；(b) ~ (d) 左焊法

左焊法、右焊法正确和错误的焊接操作过程分别如图4-9和图4-10所示。

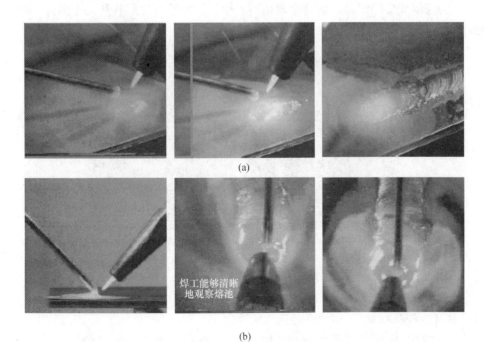

图4-9 左焊法、右焊法正确操作示意
(a) 左焊法；(b) 右焊法

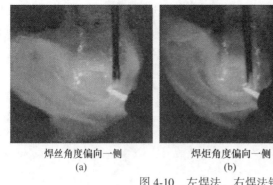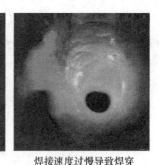

焊丝角度偏向一侧　　　　　　　焊炬角度偏向一侧　　　　　焊接速度过慢导致焊穿
(a)　　　　　　　　　　　　　　(b)　　　　　　　　　　　　(c)

图 4-10　左焊法、右焊法错误操作

(a)，(b) 左焊法；(c) 右焊法

4.2.3　平板堆焊

气焊平板堆焊要领如下：

(1) 在气焊起点处，由于刚开始加热，工件温度低，焊炬与工件表面的夹角应大些，起焊处应使火焰往复移动，保证加热均匀。当起焊处形成白亮而清晰的熔池时，即可加入焊丝进行焊接。

(2) 焊接时，焊丝一般进行上下运动，使焊丝熔滴填满熔池；使用溶剂时，焊丝还应进行左右摆动搅拌熔池，使溶剂和氧化物化合而上浮。

(3) 当焊接到终点收尾时，由于工件温度较高，应减小焊炬与工件之间的夹角，同时提高焊接速度，增加填充焊丝量，以防止熔池扩大，避免烧穿。

(4) 为获得优良的焊缝，在整个焊接过程中，应使熔池的形状和大小保持一致。

按上述操作要点进行焊接的平板堆焊外观成形如图 4-11 所示。

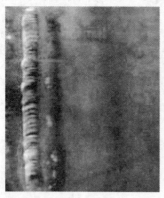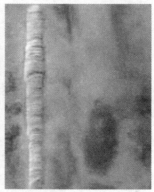

图 4-11　平板堆焊焊后外观

4.2.4　气焊检验及标准

4.2.4.1　外观检验

平板对接时，按照焊接质量等级 ISO 5817-C 级标准要求，焊缝的余高要求 $h \leqslant 1 + 0.15b$（其中 h 表示焊缝余高，b 表示熔宽）；按照焊接质量等级 ISO 5817-B 级标准要求，不允许有未熔合、未焊透，表面气孔、裂纹等缺陷。

角焊缝按照焊接质量等级 ISO 5817-C 级标准要求，焊缝的余高要求 $h \leq 1+0.15b$（其中 h 表示焊缝余高，b 表示熔宽）；焊缝有效厚度 a 值在 $0.5t \leq a \leq 0.7t$ 范围内（其中，t 表示母材厚度）。

4.2.4.2 内部检验

平板对接时，按照焊接质量等级 ISO 5817-B 级标准要求，气焊采用射线探伤（RT）附加弯曲检验。

角焊缝按照焊接质量等级 ISO 5817-B 级标准要求，对于厚板可以做断口实验；对于薄板试件，采用宏观金相组织实验。

4.3 气 割

4.3.1 切割设备

火焰切割设备中，气瓶、胶管和减压器与气焊相同，不同处是割矩，割炬相对于焊炬要多出切割氧通道。

割炬是气割必不可少的工具，其作用是向割嘴稳定地供送预热用气体和切割氧，控制这些气体的压力和流量，调节预热火焰等。

割炬按乙炔气体和氧气混合的方式不同分为射吸式（见图 4-12）和等压式（见图 4-13）两种，射吸式主要用于手工切割，等压式多用于机械切割。

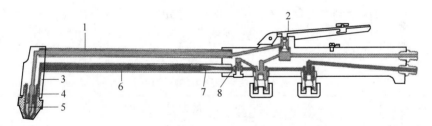

图 4-12　射吸式割炬

1—切割氧通道；2—切割氧阀门；3—割炬头部；4—加热气体；
5—切割氧；6—氧气-燃气混合通道；7—混合喷嘴；8—混合区

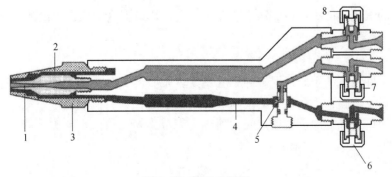

图 4-13　等压式割炬

1—切割氧；2—氧气-燃气混合气体；3—割嘴；4—混合喷嘴；
5—混合区；6—燃气阀；7—氧气阀；8—切割氧阀

割炬有两根导管，一根是预热焰混合气体管道，另一根是切割氧气管道。割炬比焊炬多一根切割氧气管和一个切割氧阀门。此外，割嘴与焊嘴的构造也不同，割嘴的出口有两条通道，周围的一圈是乙炔与氧的混合气体出口，中间的通道为切割氧（即纯氧）的出口，二者互不相通。割嘴有梅花形和环形两种。常用的割炬型号有 G01-30、G01-100 和 G01-300 等。

4.3.2 切割工艺参数及影响因素

气割的工艺参数包括预热火焰能率、切割氧压力、切割速度、割嘴到工件表面的距离和割嘴倾角等。

4.3.2.1 预热火焰能率

气割时一般应选用中性焰或弱氧化焰，火焰的强度要适中，根据工件厚度、割嘴种类和质量要求选用预热火焰。气割火焰切割预热时间经验数据见表4-4。

表4-4 气割火焰切割预热时间经验数据

金属厚度/mm	预热时间/s	金属厚度/mm	预热时间/s
20	6~7	150	25~28
50	9~10	200	30~35
100	15~17		

4.3.2.2 切割氧压力

切割氧压力取决于割嘴类型和嘴号，可根据工件厚度选择氧气压力。切割氧压力过大易使切口变宽、粗糙；过小，使切割过程缓慢，易造成粘渣。切割氧压力推荐值见表4-5。

表4-5 切割氧压力的推荐值

工件厚度/mm	3~12	12~30	30~50	50~100	100~150	150~200	200~300
切割氧压力/MPa	0.4~0.5	0.5~0.6	0.5~0.7	0.6~0.8	0.8~1.2	1.0~1.4	1.1~1.5

4.3.2.3 切割速度

切割速度与工件厚度、割嘴形式有关，一般随工件厚度增大而减慢，切割速度必须与切口内金属的氧化速度相适应。切割速度太慢会使切口上缘熔化，太快则后拖量过大，甚至割不透。

4.3.2.4 割嘴到工件表面的距离

割嘴到工件表面的距离根据工件厚度及预热火焰长度来确定。割嘴高度过低会使切口上缘发生熔塌及增碳，飞溅物易堵塞割嘴，甚至引起回火；割嘴高度过大，热损失增加，预热火焰对切口前缘的加热作用减弱，预热不充分，切割氧流动能力下降，使排渣困难，影响切割质量。

4.3.2.5 切割倾角

割嘴与割件间的切割倾角直接影响气割速度和后拖量，切割倾角的大小根据工件厚度确定，工件厚度在30mm以下时，后倾角为20°~30°；工件厚度大于30mm时，起割时为

20°~30°的前倾角，割透后割嘴垂直于工件，结束时为 20°~30°的后倾角；手工曲线切割时，割嘴垂直于工件。

影响气割过程的主要工艺因素有切割氧的纯度，切割氧的流量、压力及氧流形状，切割氧流的流速、动量和攻角，预热火焰的功率，被割金属的成分、性能、表面状态及初始温度等。

4.3.3 手工切割操作要点

切割前应仔细清除被切割金属的表面铁锈、尘垢或油污，垫平被切割件，以便于散放热量和排除熔渣；不能放在水泥地上切割，以防止水泥地面遇高温后崩裂。

气割时一般采用中性焰，火焰强度要适中，一般不采用碳化焰，碳化焰会使切割边缘增碳。预热和切割火焰的功率要随着钢板厚度增大而增加，被切割件越厚，预热火焰的功率越大（见表 4-6）。

表 4-6 预热火焰功率与板厚的关系

板厚/mm	3~25	25~50	50~100	100~200	200~300
火焰功率/L·min⁻¹	4~8.3	9.2~12.5	12.5~16.7	16.7~20	20~21.7

切割时一般用右手把住割炬把手，以右手的拇指和食指控制预热氧的阀门，以便于调整预热火焰和回火时及时关闭预热氧气。左手的拇指和食指控制开关切割氧的阀门，同时掌握方向。

开始切割时，先用预热火焰加热钢板的边缘，待切割部位表面出现将要熔化的状态时，将火焰局部移出钢板边缘线以外，同时慢慢打开切割氧气阀门，放出切割氧进行切割。当钢板背面有氧化铁渣随氧气流一起飞射出时，表明钢板已被割透，这时应移动割炬逐渐向前切割。

割炬与被切割金属表面的距离根据火焰焰心长度确定，一般焰心尖端距被切割件表面 1.5~3mm，不可使火焰焰心触及割件表面。为保证切割质量，气割过程中割嘴到割件表面的距离应保持一致。

切割过程中，有时因割嘴过热或氧化铁渣的飞溅，使割嘴堵塞住或乙炔供应不充足时，割嘴产生鸣爆并发生回火现象，应迅速关闭预热氧气阀门，阻止氧气倒流入乙炔管内。

切割临近终点时，割嘴应向切割前进的反方向倾斜一些，以利于钢板的下部提前割透，使收尾的割缝平齐。切割到终点时，迅速关闭切割氧气的阀门并将割炬抬起，然后关闭乙炔阀门，最后关闭预热氧气阀门。

4.3.4 火焰切割质量技术要求

影响火焰切割质量的影响因素主要包括：气体（压力、流量、混合比、纯度、类型和温度等）、割嘴（结构、寿命和切割角度等）、机械装置（机器结构、寿命和切割速度等）和被切割材料（化学成分、厚度和尺寸精度等）。

ISO 9013—2002（热切割—热切割分类 产品尺寸规格及品质公差）标准适用于可进行热切割的材料，厚度从 3~300mm 的质量技术分级及其尺寸偏差见表 4-7。

表 4-7 热切割质量技术分级及其尺寸偏差

定 义	代号	图 解
切割后拖量是指在切割方向上一条割纹的两点之间的间距	n	
直角和斜角误差是指切割面最高点与最低点的切线的理论垂直距离	u	
割纹深度是指平均粗糙度 $Rz5$	h	
边缘熔化是指切面上棱边一定形状的尺寸	r	

5 焊条电弧焊

焊条电弧焊是利用电弧加热熔化焊条和被焊金属而形成熔池，随之冷却获得焊缝的一种方法。具有设备简单、适应性强、方便灵活的特点，适用于碳钢、低合金钢、不锈钢、异种金属材料等的焊接。

焊条电弧焊采用的电源有直流电源和交流电源两种形式。根据 ISO60974 标准要求，直流弧焊电源的空载电压最大为 113V，矿山（指在狭窄或潮湿的环境下）等 65V；对于交流弧焊电源（弧焊变压器 BX-500）最大允许空载电压为 80V，有较高触电危险时 48V。

通常焊接空载电压越高，引弧就越容易，空载电压越低，引弧就越困难。但是在焊接过程中考虑到焊工安全的问题及满足焊接工艺的前提下，空载电压要求不能太高，否则会对人体造成伤害。当场地有多台焊机同时工作时，场地要有必要的通风除尘装备。

进行焊条电弧焊时，应穿戴不易燃且防护好的工作服，防止焊接时电弧对人体的灼伤和焊接时飞溅对人体的烫伤。护目镜片是焊接面罩的主要功能部件，护目镜片的主要功能是既可阻挡有害光线（红外线和紫外线），又可以观察到工作状态。镜片色号分类见表5-1（一般焊条电弧焊选用 8~10 色号即可，但如果焊工有近视严重的，则需要选用色号比较小的）。

表 5-1　护目镜片色号分类

色　号	适用电流/A	尺寸/mm
7~8	≤100	2×50×107
9~10	100~300	2×50×107
11~12	≥300	2×50×107

5.1　焊条电弧焊实训要求

焊条电弧焊方便灵活、设备简单、适应性强，但主要靠手工操作，对操作者的技术要求较高。焊条电弧焊实训需由高级技师或经验丰富的工程师进行现场讲解、演示和指导，实训中讲解、演示、练习的重点和时间分配见表 5-2，最后的考核方式为平板堆焊、角焊缝 PB 位置、X 坡口双面焊 PA 位置，三种任选一种。评分标准分为优秀、良好、中等、及格、不及格五级，其中平板堆焊最高等级为良好。考核用试板尺寸为 300mm×150mm×6mm，材料 Q235。

表 5-2　焊条电弧焊实训讲解、演示和练习的重点

项目 / 内容	时间（共3天）/min	老师讲解内容	老师演示内容	学生操作练习
安全防护	30	（1）焊接场地安全； （2）焊接安全； （3）个人防护	个人防护	—

续表 5-2

项目 内容	时间（共 3 天） /min	老师讲解内容	老师演示内容	学生操作练习
焊接设备及 焊条种类	30	（1）设备调节； （2）焊条种类及烘干	（1）电流调节； （2）焊条烘干箱、保 温筒的使用	焊条烘干箱、 保温筒的使用
	30	设备组成	设备调节	
	30	—		熟悉焊机功能
平板堆焊	60	引弧、运条、接头、收弧操作 要领	（1）引弧、运条； （2）接头、收弧	（1）引弧、运 条； （2）接头、收 弧
	60	堆焊操作要领	（1）典型参数堆焊； （2）变化参数堆焊	—
	480	—		平板堆焊
板接焊接 操作	10	（1）焊钳准备； （2）电源极性； （3）焊接参数	（1）正极性接法； （2）参数设置	—
	230	（1）X 对称坡口双面焊操作 要领； （2）角焊缝 PB 位置操作要领	（1）X 对称坡口双 面焊； （2）角焊缝 PB 位置； （3）焊缝缺欠分析	—
	240	—	—	（1）堆焊练习； （2）X 坡口双 面焊 PA 位置； （3）角焊缝 PB 位置
考核	240	（1）平板堆焊、角焊缝 PB 位置、X 坡口双面焊 PA 位置，三种任选一种； （2）评分标准分为优秀、良好、中等、及格、不及格五级，其中平板堆焊最 高等级为良好		

5.2　焊接设备简介

5.2.1　电源的种类

目前，焊条电弧焊中使用较多的是额定焊接电流在 500A 以下的弧焊电源见图 5-1，分为交流弧焊电源、直流弧焊电源和逆变弧焊电源三种。交流弧焊电源根据输出电流波形的不同有弧焊变压器和矩形波交流弧焊电源两种。直流电源由于焊接电流不过零，焊接电流和电压波形不发生畸变而电弧燃烧稳定。逆变弧焊电源是近年来随着电子技术的发展而发展起来的新型电源，具有体积小、质量轻等优点，特别适宜用作流动工作场合的电源。

直流电源一般适用于碱性焊条，交流电源的电流呈周期性的变化，此电源适用于电弧稳定性好的焊条，例如酸性焊条。

用直流弧焊电源焊接时，工件和焊条与电源输出端正、负极的接法称极性。当工件与电源的正极连接称为负极性（直流正接），如图 5-2 所示。负极性在焊接中应用较少，一般在焊接仰焊位置时的打底焊用此极性比较好。

BX1-315-2

（a）　　　　　　　（b）

图 5-1　焊条电弧焊的电源

（a）直流电源；（b）交流电源

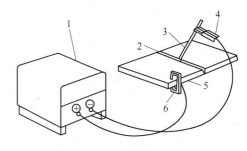

图 5-2　负极性

1—焊接电源；2—焊缝金属；3—焊条；
4—焊钳；5—焊件；6—地线夹头

当工件与电源的负极连接时称正极性（直流反接）。一般碱性焊条在焊接中通常采用正极性，正极性电弧稳定性好。

焊条电弧焊采用陡降的外特性，特点是在电弧长度变化很大的范围内电流变化很小，电弧稳定性好。

图 5-3 和图 5-4 分别为焊条电弧焊逆变式电源铭牌及逆变原理示意图。

型号		YD-400AT
控制方式	—	IGBT 逆变方式
额定输入电压 相数	—	AC380V 3 相
输入电源频率	Hz	50/60
额定输入容量	kVA/kW	17.6/16.7
额定输出电流	A	400
额定输出电压	V	36
额定负载持续率	%	60
额定输出空载电压	V	71
输出电流范围	A	20~410
推力电流	A	最大 220
引弧电流	A	最大 150
外壳防护等级	—	IP23
绝缘等级	—	H 级（主变为 B 级）
冷却方式	—	强制风冷
TIG 引弧方式	—	接触引弧
外形尺寸（WXDXH）	mm	327×560×602
重量	kg	43

图 5-3 逆变电源铭牌

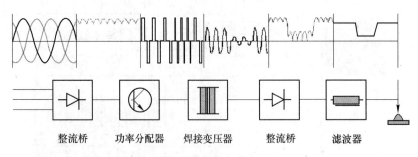

图 5-4 逆变原理图

焊条电弧焊焊机各部分功能转换设置及焊机的相关参数设置如图 5-5 所示。

5.2.2 焊接辅助工具

5.2.2.1 焊钳

焊钳（见图 5-6）是一种夹持器，在焊条电弧焊中主要起夹持焊条（要求夹持牢固）和传导电流（要求导电性好）的作用，为了安全，要求手持部分绝缘性要好，另外焊钳

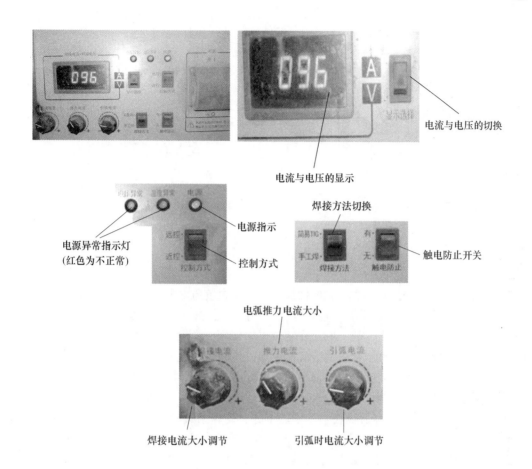

图 5-5　焊接参数及功能转换设置

不能直接放在工作台上，防止短路而烧坏焊机。常用的市售焊钳有 300A 和 500A 两种。

5.2.2.2　地线夹

为保证焊机输出导线与工件可靠连接，可采用地线夹（见图 5-7）或多用对口钳，地线夹用于快速钳紧，适用于 30~70mm 板厚。

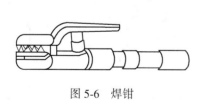

图 5-6　焊钳

图 5-7　地线夹

5.2.2.3　其他辅助工具

如图 5-8、图 5-9 所示，其他辅助工具包括焊接电缆线、工件夹紧工具、焊条保温筒及带有防弧光和防护屏的焊接工作台。除上述工具之外还有钢丝刷、敲渣锤、凿子、挫刀、测温计、焊缝尺等。

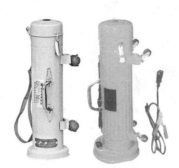

图 5-8　焊条保温桶

图 5-9　焊条烘干箱

5.3　焊　条

焊条按药皮类型分为酸性焊条和碱性焊条。酸性焊条药皮中含有大量的铁氧化物，厚药皮酸性焊条，酸性熔渣形成细熔滴过渡，产生平滑焊缝；酸性焊条焊后成形较好，但气体含量较高，易导致冷裂纹产生，故一般只在定位焊中使用，常用的如 J422（E4303）焊条。碱性焊条药皮中主要由大量碱土金属的碳酸盐组成，如碳酸钙（石灰）、氟石等；碱性焊条焊后成形一般，但气体含量较低，故焊缝金属的冲击功比较高，特别是在低温状态下，适用于焊接一些重要结构产品，例如锅炉压力容器等，常用的如 J507（E5015）焊条。

焊条的药皮在空气中容易吸收空气中的水分，使焊条吸潮，在焊接过程中导致气孔等缺陷，焊条在使用前，一般需进行烘干。酸性焊条烘干温度为 100～150℃，最高不超过 250℃，烘焙时间为 1～1.5h，碱性焊条烘干温度为 350～400℃，烘焙时间为 1～2h。当焊条从保温箱中取出时，要放在保温桶里面，以防止焊条受潮。若焊条第一次烘干以后长时间没有使用，再次使用时，需在焊条烘干箱中再次烘干，以防止吸潮。

碱性焊条一般采用直流正接，酸性焊条正接反接都可以。焊接时，焊接电流与焊条直径的关系可参考表 5-3。

表 5-3　焊接电流与焊条直径的关系

直径 d/mm		2.0	2.5	3.2	4.0	5.0	6.0
长度 l/mm		250/300	350	350/450	350/450	450	450
电流 I/A		40～80	50～100	90～150	120～200	180～270	220～360
经验公式/A	最小	$24 \times d$			$30 \times d$		$35 \times d$
	最大	$40 \times d$			$50 \times d$		$60 \times d$

5.4　焊条电弧焊操作要点

5.4.1　平板堆焊

5.4.1.1　焊前准备

焊接开始前首先要将板材待焊表面用砂轮打磨出金属光泽（板材表面若有锈则易影

响电弧的稳定性；若有油或水则易产生气孔），并根据需要开坡口。酸性焊条（如E4303）选用交流电源或直流电源，碱性焊条（如E5015）选用直流反接。

5.4.1.2 焊接参数

对于平板堆焊，采用焊条直径3.2mm或4mm，相应电流见表5-4。

表5-4 平板堆焊工艺参数

焊接层次	焊条直径/mm	焊接电流/A
1	3.2	110~130
2	4.0	160~180

5.4.1.3 焊接操作

A 引弧

引弧方式有划擦法和直击法两种（见图5-10）。酸性焊条药皮中含有大量的铁氧化物，电弧稳定性好，一般采用直击法引燃电弧；由于碱性焊条的电弧稳定性不好，焊接时很容易出现粘住焊条的现象，所以碱性焊条通常采用划擦法引燃电弧（当焊条粘住以后，为了避免长时间短路烧损焊条或烧坏焊机，可以采用左右摇动焊条，使焊条与工件脱离，或直接将焊钳与焊条脱离）。

当中途停弧时，由于焊条前端药皮套筒很长，影响再次引弧，所以再次引弧时，需要将焊条前端药皮套筒稍作清理。

当引燃电弧后，稍压低电弧进行正常焊接（一般要求酸性焊条电弧长度与焊条直径一样；碱性焊条电弧长度为焊条直径的一半）。

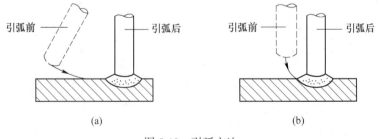

图5-10 引弧方法
（a）划擦法；（b）直击法

B 运条

焊接过程中，焊条相对焊缝所做的各种动作的总称叫运条。焊条电弧焊的运条方式（见图5-11）有直线运条、三角形运条、之字形（锯齿形）运条、月牙形运条和"8"字形运条等几种方式（见图5-11），焊条与工件的角度如图5-12所示。

对于平板堆焊，采用直线运条或锯齿形摆动即可，在焊接过程中保证焊道呈直线，焊缝均匀。在运条过程中，要控制好电弧长度（弧长变化，电压会随着变化，因为弧长与电压成正比，当弧长变化太大时会影响焊接质量。例如电压越大，焊接时会出现咬边的现象），另外要保证好的焊缝成形质量，还需控制熔池的形状及大小，一般焊条电弧焊熔池的形状保持椭圆形焊缝成形最好。

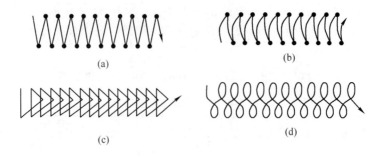

图 5-11 运条方法

（a）锯齿形；（b）月牙形；（c）三角形；（d）"8"字形

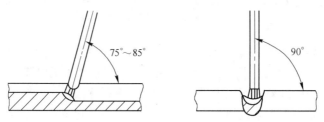

图 5-12 平板堆焊时焊条角度

焊条在焊接过程中很容易产生磁偏吹（电弧周围存在磁场，如果磁场的均匀分布受到阻碍，则电弧要发生偏斜，在直流电源焊接时易发生磁偏吹）。如图 5-13 所示，造成磁偏吹的原因有电缆接线位置不正确，铁磁物质的影响，焊条在焊件的位置不对称，焊条偏心度过大，电弧周围气流过强，焊接电弧周围磁场分布不均等。

防止磁偏吹的措施有：倾斜焊条（将电弧指向熔池）；工件两侧放地线或者移动接地线（移动极）；增加装配焊点，采用适宜的焊接顺序（如分段退焊法）；用交流电源代替直流电源。

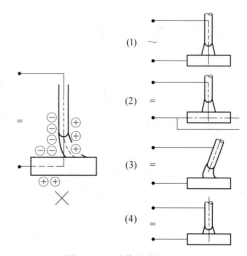

图 5-13 磁偏吹产生原因

在焊接过程中，当焊接电流加大时，焊条的熔敷效率增大，熔深相应加深，若此时焊条的行走速度不相应的加快，则焊缝的高度相应增高；当焊接电流减小时则反之，如图 5-14 所示。

C 收弧

当一根焊条焊完之后，需要收弧，对于平板堆焊，收弧时直接迅速地抬起焊条即可；当焊接结束时，为了保证焊接质量，需要将弧坑填满，否则会出现弧坑裂纹（火口裂纹），填满弧坑的方法为反复的熄弧之后再引弧。平板堆焊的运条及收弧如图 5-15 所示。

D 接头

焊条电弧焊的接头方法有冷接和热接（主要针对于对接焊缝）两种。

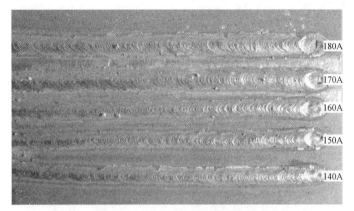

图 5-14　电流对堆焊质量的影响

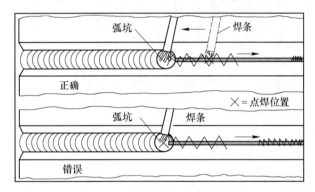

图 5-15　平板堆焊的运条及收弧

冷接时，打底焊在焊完一根焊条时，用砂轮将接头处打磨出斜坡，斜坡要圆滑过渡，与坡口两边不要出现夹角，另外，弧坑前段要打磨至薄薄的，接头时在斜坡最高点引弧，然后正常焊接即可。

热接时，打底焊在焊完一根焊条的时候，快速换上一根焊条，然后在距离接头处10mm 外引弧，拉长电弧，进行预热，当马上到达接头处时，使焊条前段迅速向下压，当听到"噗噗"声时，表明接头已经接上，然后正常焊接即可。

当填充焊或盖面焊或平板堆焊的时候，接头时在弧坑前 10～15mm 处引燃电弧，拉长电弧到弧坑处，主要起预热作用，然后填满弧坑，正常焊接即可。

5.4.2 平板对接 V 型坡口双面焊

5.4.2.1 焊前准备

将坡口和靠近坡口边缘上下两侧 15～20mm 处清理干净，打磨工件直至发出金属光泽，修磨坡口钝边，锉出钝边 0.5mm，组装预留间隙。试件坡口形式及尺寸、间隙如图 5-16 所示。

装配时，为防止试件错边，应放置于平面上，并应留一定的装配间隙，装配间隙窄边为 3.2mm 左右，宽边为 4mm 左右，如图 5-17 所示。定位焊缝应在试件背面的两面端头处，始焊端可少焊些，终焊端应多焊些，以防止在施焊过程中开裂和变形。

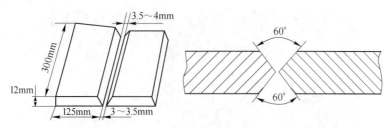

图 5-16　坡口形式及尺寸

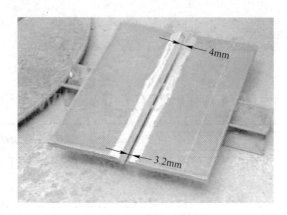

图 5-17　装配定位焊缝

5.4.2.2　规范参数

平板对接时的工艺参数可参考表 5-5。

表 5-5　平板对接时的工艺参数

焊道	焊接方法	焊接材料直径/mm	电流/A	电压/V	电流种类极性	送丝速度	焊接速度	热输入
1	111	3.2	70~85	24	直流反接			
2, 3	111	3.2	115~130	27	直流反接			
4, 5	111	3.2	110~125	25	直流反接			

5.4.2.3　焊接操作

平焊位置与其他位置相比，操作简单，但是焊接打底焊时因为看不见明显的熔孔，所以不易观察熔池和控制熔孔大小。如果焊接过程中，电弧热量大部分集中在间隙上，背面焊缝易产生超高或焊瘤（见图 5-18）；如果电弧热量过多集中在熔池上，则背面焊缝易产生未焊透（见图 5-19）造成内凹。

图 5-18　焊瘤

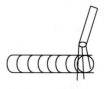

图 5-19　未焊透

A 打底焊

采用右焊法打底时，在焊件左端定位焊缝处引弧，稍作停顿进行预热，锯齿形摆动进行施焊，当电弧到达定位焊缝右侧时，下压焊条，压低电弧，将坡口根部熔化并击穿，形成熔孔。

平焊运条采用锯齿形摆动，两边稍作停顿，中间快速摆动，保持低电弧。在焊条摆动到两端的时候，给焊条一个稍微向前带的动作，以保证背部成形。平焊打底时熔孔不要太明显，若见明显熔孔，焊后余高会很高。焊条角度一般与焊缝方向成 70°~80°，焊条与两板方向成 90°，如图 5-20 所示。平焊时的熔孔大小如图 5-21 所示。

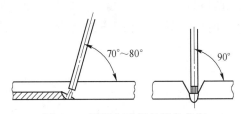

图 5-20 平焊打底焊的焊条角度

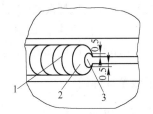

图 5-21 平焊时的熔孔大小
1—焊缝；2—焊缝端面；3—熔孔

打底焊时，若电流偏小，则容易出现根部未焊透，背面焊缝成形不良；若电流过大，则可能出现根部塌陷或出现焊瘤。

平焊收弧时，焊条要向始焊端回烧 10mm，通过烧出一个斜坡把背部的缩孔带出来。

B 填充焊

填充焊前，首先将前道焊缝的药皮、飞溅清理干净，接头的高点都要用砂轮打磨平，以防止焊接时产生夹渣现象。

填充焊时焊条的摆动采用锯齿形摆动，两边稍作停留，中间快速摆动，以保证焊道平或凹，焊条的角度如图 5-22 所示。填充焊焊最后一层时，焊道距板表面的距离为 0.5~1mm，不要伤害到坡口棱边。填充焊引弧要在弧坑前 10~15mm 处引燃电弧，拉长电弧到弧坑处（主要起预热作用），填满弧坑，然后正常焊接即可。填充焊接头如图 5-23 所示。填充焊接时，若电流偏小，则可能出现夹渣、层间熔合不好；若电流过大，则可能使根部打底焊焊缝烧塌。

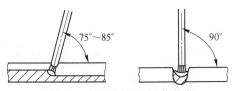

图 5-22 填充焊时的焊条角度

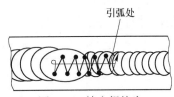

图 5-23 填充焊接头

C 盖面焊

盖面焊的时候，其焊条角度、运条方式和接头方法与填充层相同，焊条摆动幅度和运条速度要均匀一致，坡口两边熔合好，不出现咬边（焊接电流过大），每侧增宽量一般在 0.5~1.5mm。盖面层如图 5-24 所示。

焊接过程中，电弧永远要在铁水的前面，利用电弧和药皮熔化时产生的定向吹力，将

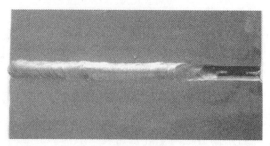

图 5-24　盖面层

铁水吹向熔池后方，这样既能保证熔透，又能保证熔渣与铁水分离，减小产生夹渣和气孔的可能性。焊接时，要注意观察熔池的情况，熔池前方稍下凹，铁水比较平静，即为正常。如果熔池超前，即电弧在熔池后方时，很容易夹渣。

5.4.3　平板角接焊缝

5.4.3.1　焊前准备

（1）试件坡口形式及尺寸（钝边为 0mm）如图 5-25 所示。

（2）将立板与底板的接触面以及接触面两侧 10~15mm 内清理干净，底板与立板的接触面也要打磨出金属光泽。

（3）装配定位焊缝，一般角焊缝要求焊缝间隙为 0mm，点固在焊接面的另一面进行，点固长度在 10mm 左右，一般点固两到三点即可（见图 5-26）。

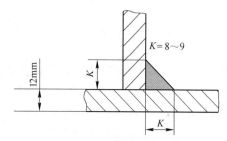

图 5-25　角接坡口及尺寸

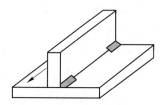

图 5-26　点固位置示意图

5.4.3.2　规范参数

板角接时的工艺参数可参考表 5-6。

表 5-6　板角接时的工艺参数

焊道分布	焊接层次	焊条直径/mm	焊接电流/A
	打底焊（1）	3.2	120~140
	盖面焊（2，3）	3.2	120~140

5.4.3.3　焊接操作

A　根部焊

根部平角焊的焊条角度如图 5-27 所示，根部焊道在试板左侧引弧，采用直线运条方式，右焊法，电弧对准焊缝根部，压低电弧，保证根部和两侧板熔合。打底焊时采用直线运条，不摆动快速焊接，这样可以达到所需要的熔深，打底焊时电流太小时，焊缝成形容易凸起，熔深可能达不到要求；当电流加大时，熔敷效率增加，焊接速度要加快。

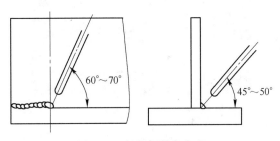

图 5-27　根部焊焊条角度

在焊缝始焊端和终焊端处，容易因磁偏吹而影响焊缝的质量，此时要适当调整焊条的角度，一般把电弧指向熔池来控制磁偏吹，如图 5-28 所示。

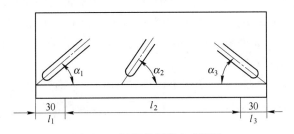

图 5-28　根部焊焊条角度调整

B　盖面焊

盖面前首先将根部焊道的焊渣和飞溅清除干净，盖面焊一般焊两道，先焊下面焊道，再焊上面焊道。焊接下面焊道时，电弧要对准根部焊道的下沿，直线运条，焊条角度如图 5-29（a）所示；焊接上面焊道的时候，电弧对准根部焊道上沿，直线运条也可以横向摆动，其焊条角度如图 5-29（b）所示。盖面焊时若电流偏小，则道与道之间可能熔合不好，容易出现夹渣现象；当电流较大时，焊缝表面成形不良。焊缝表面应光滑，略成凹形或平滑，避免立板出现咬边。焊脚应对称并符合尺寸要求。盖面焊实物如图 5-30 所示。

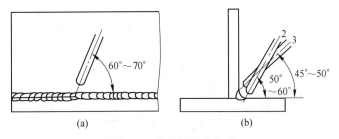

图 5-29　盖面焊焊条角度
（a）下面焊道；（b）上面焊道

图 5-30　盖面焊实物

5.5　焊后检验

（1）外观检验。根据焊接质量等级 ISO 5817-C 级标准进行检验，一般要求正面余高为 $h \leqslant 1+0.15b$，最大为 4mm；背面余高为 $h \leqslant 1+0.6b$，最大为 4mm。根据焊接质量等级 ISO 5817-B 级标准要求不允许有表面气孔、裂纹、未熔合等缺陷；咬边长度小于焊缝长度的 20%，咬边深度不超过 0.5mm。

（2）内部检验。根据焊接质量等级 ISO 5817-B 级标准对焊缝进行射线探伤。

（3）角焊缝焊后检验。对于角焊缝，可参考图 5-31 和图 5-32 进行断口检测和宏观金相试样观察。

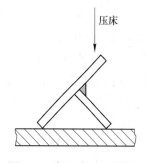

图 5-31　断口实验（厚板）

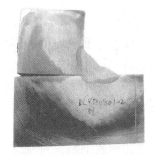

图 5-32　宏观金相试样

对平板对接（单面焊双面成形），或对称 X 型坡口双面施焊，其考核指标及评分依据见表 5-7。

表 5-7　焊条电弧焊平板对接评分标准

序号	考核内容	考核要点	分值	评分标准	扣分
1	焊前准备	工件清理（焊前焊后）	10	工件清理不干净	4分
		定位焊		定位焊定位不正确	4分
		焊前参数调整		焊前参数调整不正确	4分

续表 5-7

序号	考核内容	考核要点	分值	评分标准	扣分
2	焊缝外观质量	焊缝余高	40	焊缝余高大于 3mm	4 分
		焊缝余高差		焊缝余高差大于 2mm	4 分
		焊缝宽度差		焊缝宽度差大于 3mm	4 分
		背面余高		背面余高大于 3mm	4 分
		焊缝直线度		焊缝直线度大于 2mm	4 分
		角变形		角变形大于 3°	4 分
		错边		错边大于 1.2mm	4 分
		背面凹坑		背面凹坑深度大于 1.2mm 或长度大于 26mm	4 分
		错边		咬边累计长度每 5mm 扣 1 分	4 分
3	焊缝内部质量	探伤	40	质量Ⅰ级	0 分
				质量Ⅱ级	10 分
				达不到Ⅱ级	25 分
4	安全文明操作	劳保用品	10	劳保用品穿戴不齐	2 分
		焊接过程		焊接过程有违反安全操作规程的	5 分
		场地清理		场地清理不干净，工具摆放不整齐	3 分

6 熔化极气体保护焊

利用送丝机构向熔池送丝，焊丝与工件间形成电弧，在 CO_2 气体保护下的熔化极气体保护方法，称为 CO_2 气体保护焊。它是利用从喷嘴中喷出的 CO_2 气体隔绝空气，保护熔池的一种先进的熔焊方法，其焊接过程与工作原理如图 6-1 所示。

CO_2 气体保护焊之所以能够在短时间内迅速得到推广，主要是因为具有以下优点：

（1）生产效率高。CO_2 气体保护焊采用细丝焊接时，焊接电流密度大，电弧热量集中，熔透能力强，熔敷速度快，焊后不需进行清渣，焊接生产效率高。

（2）焊缝质量好。CO_2 气体保护焊对油锈不敏感，焊缝含氢量低，抗裂性能好。

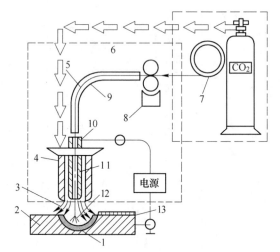

图 6-1　CO_2 气体保护焊的工作原理

1—熔池；2—焊件；3—CO_2 气体；4—喷嘴；
5—焊丝；6—焊接设备；7—焊丝盘；
8—送丝机构；9—软管；10—焊枪；
11—导电嘴；12—电弧；13—焊缝

（3）焊接成本低。CO_2 气体及焊丝价格便宜，焊接能耗低，CO_2 气体保护焊的使用成本只有埋弧焊和焊条电弧焊的 30%~50%。

（4）适用范围广。适用于各种位置的焊接，既可用于薄板又可用于厚板的焊接；CO_2 气流对焊件有冷却作用，一定程度上防止了焊接薄板的烧穿问题，还能减小焊接变形。

（5）便于实现自动化。CO_2 气体保护焊是明弧操作，焊前清理要求较低，方便实现机械化和自动化。

CO_2 气体保护焊的缺点是焊接过程中的飞溅大、焊接过程中合金元素容易被烧损、焊接过程中气体保护区的抗风能力弱、拉丝式焊枪比焊条电弧焊的焊钳重、焊接设备较复杂等。

熔化极气体保护焊焊接安全需遵守《焊接与切割安全》（GB 9448—1999）标准。为保证电弧稳定，CO_2 气体保护焊多采用直流电源，根据《弧焊设备—焊接电源》（GB 15579.1—2013）标准，在较大触电危险性环境下，直流焊接电源的空载电压不超过 113V。

熔化极气体保护焊的个人防护用具主要包括防护面罩、防护服、焊接手套、劳动保护鞋。防护面罩分为头戴式和手持式，CO_2 气体保护焊常使用头戴式，可参见《职业眼面部防护　焊接防护　第 1 部分：焊接防护具》（GB/T 3609.1—2008）。防护服有增加电阻作用，同时要求不易引燃。CO_2 气体保护焊时为防止焊接紫外线伤害皮肤，尽量穿白色工作服。焊接手套有长、短两种，为防止焊接飞溅伤到皮肤，CO$_2$气体保护焊一般使用长手套。

6.1 CO$_2$气体保护焊实训要求

CO$_2$气体保护焊是目前焊接钢铁材料的重要熔焊方法，在许多金属结构的生产中已逐渐取代了焊条电弧焊和埋弧焊。CO$_2$气体保护焊实训中讲解、演示、练习的重点和时间分配见表6-1，最后的考核方式为平板对接单面焊双面成形 PA 位置、X 型坡口双面焊（清

表 6-1 CO$_2$气体保护焊实训中讲解、演示和练习的重点

项目 内容	时间（共2天）/min	老师讲解内容	老师演示内容	学生操作练习
安全防护	20	（1）焊接安全； （2）个人防护	个人防护	—
焊接设备调节	30	（1）设备调节； （2）填充材料； （3）保护气体	（1）加热装置的接法； （2）保护气体的通、关	—
	20	（1）设备组成； （2）焊接参数设置	设备调节	—
	20	—	—	（1）焊机调节； （2）焊机功能熟悉
平板堆焊	30	（1）焊接参数对熔滴过渡方式影响； （2）堆焊操作要领	（1）典型参数堆焊； （2）变化参数堆焊	—
	180	—	—	平板堆焊
板接试件焊接操作	30	（1）焊前准备； （2）焊接参数	坡口准备	—
	90	（1）平板对接单面焊双面成形 PA 位置操作要领； （2）X 型坡口双面焊 PA 位置操作要领； （3）角焊缝 PB 位置操作要领	（1）平板对接单面焊双面成形 PA 位置； （2）X 型坡口双面焊 PA 位置； （3）角焊缝 PB 位置； （4）焊缝缺欠分析	—
	360	—	—	（1）平板对接单面焊双面成形 PA 位置； （2）X 型坡口双面焊 PA 位置； （3）角焊缝 PB 位置
考核	180	（1）平板对接单面焊双面成形 PA 位置、X 型坡口双面焊 PA 位置、角焊缝 PB 位置任选一种参加考核； （2）评分标准为优秀、良好、中等、及格、不及格五级		

根）PA 位置、角焊缝 PB 位置三种任选一种，评分标准分为优秀、良好、中等、及格、不及格五级。考核用试板尺寸为 300mm×150mm×6mm，材料为 Q235。

6.2　CO_2气体保护焊焊接设备

二氧化碳气体保护焊设备由弧焊电源、控制箱、送丝机构、焊枪及供气系统组成（见图 6-2）。CO_2气体减压器上有加热装置，使用焊机上的低压插座供电，以防止二氧化碳减压器被冻住，如减压器被冻住，应用温热水解冻。

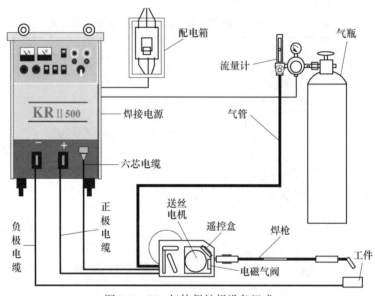

图 6-2　CO_2气体保护焊设备组成

6.2.1　焊接电源

CO_2气体保护焊使用的直流焊接设备包括直流弧焊发电机（已淘汰）、弧焊整流器、弧焊逆变器。目前市场上多数焊机采用数字面板代替模拟指针面板，更具有可视性和可操作性。但是，不同品牌的焊机都具有自己的独特之处，如福尼斯 TS/TPS 系列焊机率先采用数字化微处理器监控焊接过程，能快速对焊接过程的任何变化作出反馈和调整；现代 NBC-350 焊机具有先进的软关机技术，而且收弧时具有去小球功能；松下 GS4 系列焊机采用独特的短路初期控制方式和缩颈检测控制方式，使飞溅发生量大幅降低，同时机器的坚固性、防尘性能良好。图 6-3 为部分厂家的 CO_2气体保护焊直流焊机。

CO_2气体保护细丝焊接时电弧具有很强的自调节作用，通常选用平特性或缓降特性的电源配等速送丝机构，这种匹配可保证在受到外界干扰时弧长迅速恢复，保证焊接工艺参数的稳定。该方式通过改变送丝速度可调节电流，改变电源外特性可改变电压，使工艺参数的调节非常方便。

细丝 CO_2气体保护焊一般采用短路过渡进行焊接，要求电源具有良好的动特性。要保证合适的短路电流峰值及短路电流的上升速度；电源要具有较大的空载电压上升率。短路电流上升速率应能调节，以适应不同直径及成分的焊丝。粗丝 CO_2气体保护焊一般采用均匀送丝机构配下降特性的电源，采用弧压反馈调节保持弧长的稳定。粗丝 CO_2气体保护焊

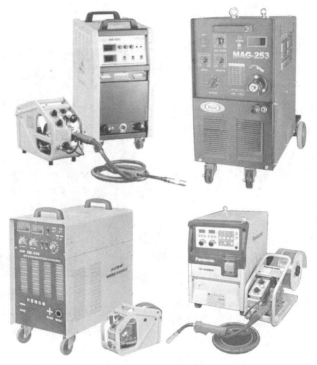

图 6-3　CO$_2$气体保护焊直流机

一般是细滴过渡，采用直流反接，这种熔滴过渡对电源动特性无特殊要求，焊接回路中可不加电感。利用弧焊整流器做电源时，为了抑制输出电流的脉动性，并减少飞溅，通常也加上适当的电感。

　　现使用较广的 YD-350GM3 为逆变式弧焊整流器，即工频交流直流高、中频交流降压交流并再次变成直流，具有以下特性：

　（1）采用 LED 数字显示，轻触按键操作，操作更直观、更方便；

　（2）采用带编码器的送丝电机，实现稳定和高精度的送丝控制；

　（3）可以存储、调用 9 种焊接规范；

　（4）强化了可移动性、紧固性、防尘性。常见的 CO$_2$ 气体保护焊机铭牌如图 6-4 所示。

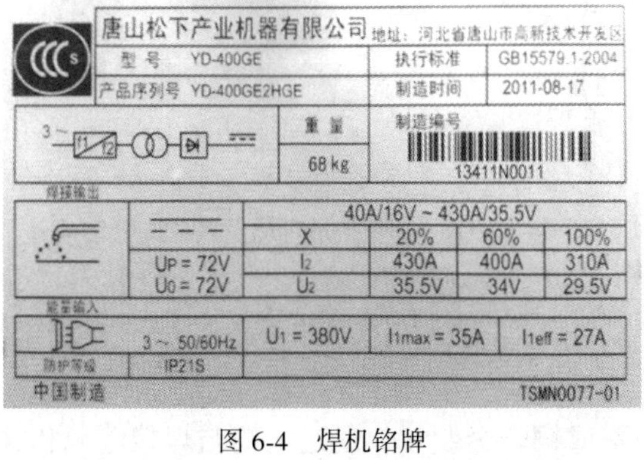

图 6-4　焊机铭牌

6.2.2 送丝系统

CO_2气体保护焊焊接过程中，送丝机构质量的好坏直接影响电弧燃烧的稳定性。CO_2气体保护焊的送丝系统（见图6-5）主要由送丝机（包括电动机、减速器、校直轮和送丝轮）、送丝软管和焊丝盘等组成。CO_2半自动焊的送丝方式一般为等速送丝，其送丝方式主要有拉丝式、推丝式和推拉式三种，现多采用推丝式焊枪。

6.2.3 焊枪

焊枪（见图6-6）用于传导焊接电流，导送焊丝和CO_2保护气体。其主要零件有喷嘴和导电嘴。焊枪按其应用分为半自动焊枪和自动焊枪；按其形式分为鹅颈式与手枪式；按送丝方式分为推丝式与拉丝式；按冷却方式分为空冷式与水冷式。鹅颈式气冷却焊枪应用最广。

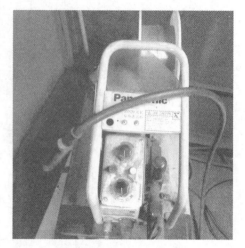

图 6-5 送丝系统
（适用焊丝类型——实芯/药芯；
适用焊丝直径——$\phi1.0mm/\phi1.2mm$）

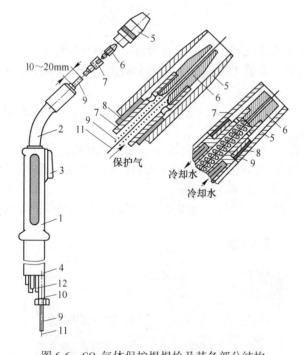

图 6-6 CO_2气体保护焊焊枪及其各部分结构

1—焊枪手柄；2—焊枪颈部；3—焊枪开关；4—软管接头；5—气体喷嘴；
6—导电嘴；7—导电嘴接头；8—绝缘套管；9—送丝弹簧或送丝软管；
10—送丝软管；11—焊丝；12—气体输入

焊枪上的导电嘴由铜或铜合金制成，通过电缆与焊接电源相连，由它将电流传给焊丝。导电嘴的内孔径应比焊丝直径大 0.13~0.25mm，内表面应光滑，以利于焊丝送给和良好导电。

6.2.4　气路和水路

根据 ISO 14175—2008（焊接耗材　熔焊及相关工艺用气体和气体混合物）标准，将保护气体分为还原性混合气体（R）、惰性混合气体（I）、氧化性混合气体（M）、高氧化性混合气体（C）和不活泼气体（N）。CO_2 气体保护焊一般为 100% 的 CO_2，或 Ar（80%）+ CO_2（20%）。气路系统除了气瓶、减压阀、流量计、软管及气阀以外，还需安装预热器及干燥器。供气系统如图 6-7 所示。

预热器用于防止二氧化碳中的水分在钢瓶出气口处或减压阀中结冰而堵塞气路。焊接过程中钢瓶内的液态二氧化碳不断汽化，汽化过

图 6-7　供气系统

程中要吸收大量的热，而且钢瓶中的高压二氧化碳经过减压阀减压后，气体温度也会下降；气体流量越大，温度下降越明显。因此，气体流量较大时（大于 10L/min），在减压阀之前必须安装加热器。通常采用电热式加热器，其结构比较简单，只需将套有绝缘瓷管的加热电阻丝套在通二氧化碳气体的紫铜管上即可。

干燥器用于减少焊缝中的含氢量。一般市售的二氧化碳气体中含有一定量的水分，因此需在气路中安装干燥器，以去除水分，减少焊缝中的含氢量。干燥器有高压干燥器和低压干燥器两种。高压干燥器安装在减压阀前，低压干燥器安装在减压阀之后。一般情况下，只需安装高压干燥器。如果对焊缝质量的要求不高，也可不加干燥器。

水冷式焊枪的冷却水系统由水箱、水泵、水压开关和冷却水管等组成。水路系统通以冷却水，用于冷却焊炬及电缆。通常水路中设有水压开关，当水压太低或断水时，水压开关将断开控制系统电源，使焊机停止工作，保护焊炬不被损坏。

6.3　焊 接 材 料

CO_2 气体保护焊所用的焊接材料有 CO_2 气体和焊丝，焊接时对焊缝质量要求越高，对 CO_2 气体纯度要求也越高（大于 99.5%）。CO_2 气体中主要的有害杂质是水分和氮气（一般含水量要求小于 0.05%），如果纯度不够，可以采用以下措施提纯（见图 6-8）：

（1）将 CO_2 气瓶倒置 1~2h，使水分下沉，每隔 30min 左右放水一次，放 2~3 次，然后把气瓶放正；

（2）更换新气时，先放气 2~3min，以排除混入瓶内的空气和水分；

（3）在气路中串联预热器和干燥器，以进一步减少 CO_2 气体中的水分。

CO_2 气体保护焊实芯焊丝常用型号是 ER50-6（代号及数字的含义如图 6-9 所示），国内常用化学符号表示其牌号，即 H08Mn2Si。其成分含量主要是：$w(C)0.06\% \sim 0.15\%$，

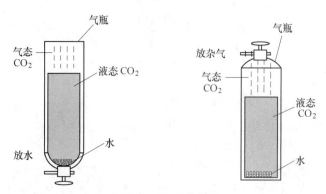

图 6-8　CO_2 气体提纯

$w(Si)0.7\% \sim 0.95\%$，$w(Mn)1.8\% \sim 2.1\%$，$w(S) \leqslant 0.03\%$，$w(P) \leqslant 0.035\%$，$w(Cr) \leqslant 0.02\%$，$w(Ni) \leqslant 0.25\%$。

图 6-9　碳钢焊丝

二氧化碳气体保护焊使用焊丝以盘状供应，对于碳钢焊丝，常采用焊丝表面镀铜，其目的是防止焊丝表面生锈和提高导电性。药芯焊丝根据制造方法不同分为无缝药芯焊丝和有缝药芯焊丝，即管状药芯焊丝和折叠药芯焊丝两种。根据焊丝截面不同，又可分为 O 形、T 形、E 形、中间填丝形和梅花形，如图 6-10 所示。

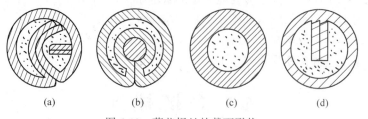

图 6-10　药芯焊丝的截面形状
（a）E 型；（b）中间填丝型；（c）O 型；（d）T 型

药芯焊丝 CO_2 气体保护焊具有以下特点：

（1）焊接过程中的飞溅比实芯焊丝少，焊缝成形美观；

（2）熔敷效率高：与焊条电弧焊相比，生产率可提高 3~5 倍，药芯焊丝用于角焊时，熔深比焊条电弧焊大 50% 左右；

（3）调整合金成分方便，通过改变装药量和药粉配方调整合金成分；

（4）抗气孔能力比实芯强；

（5）对焊接电源无特殊要求，交流和直流焊机都可以使用，采用直流电源焊接时，一般用直流反接；选择电源时，也不受平特性或陡降特性的限制。

6.4　CO₂气体保护焊操作要点

6.4.1　平板堆焊

CO₂气体保护焊平板堆焊要求焊道平直，高低、宽窄基本一致，接头不能脱节，不允许过高。

6.4.1.1　焊前准备

（1）将堆焊板材表面打磨出金属光泽，宽度20~30mm，如图6-11所示；

（2）将焊接电源设置为"收弧无"。

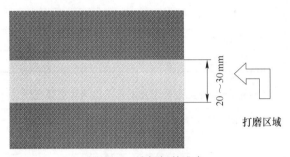

图6-11　堆焊焊前准备

6.4.1.2　焊接参数

CO₂气体保护焊通常采用短路过渡及细颗粒过渡，工艺参数主要包括焊丝直径、焊接电流、电弧电压、焊接速度、焊丝伸出长度、直流回路电感值、气体流量、电源极性、焊枪角度等。干伸长度过长，容易引起爆断，影响焊接；干伸长度过短，容易烧喷嘴，看不清熔池，亦不利于焊接。气体流量过小，对熔池保护性不好；气体流量过大，容易形成紊流，造成更多的气孔。图6-12所示为气体流量12~15L/min、干伸长度12~15mm、焊接电流95~115A时，电弧电压对焊缝宽度的影响。

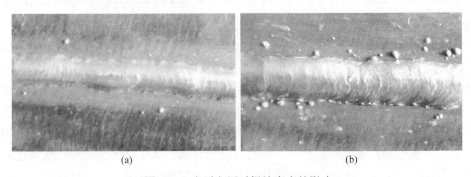

(a)　　　　　　　　　　　　　　　(b)

图6-12　电弧电压对焊缝宽度的影响

（a）电弧电压17~19V；（b）电弧电压18~20V

最佳的焊接工艺参数应满足以下条件：

（1）焊接过程稳定，飞溅小；

（2）焊缝外形美观，没有烧穿、咬边、气孔和裂纹等缺陷；

（3）对双面焊接的焊缝，应保证一定的熔深，使之焊透。

CO_2 气体保护焊确定焊接工艺参数的程序为：先根据板厚、接头形式和焊缝的空间位置等选定焊丝直径和焊接电流（见表6-2和表6-3），同时考虑熔滴过渡形式；这些参数确定后，再选择和确定其他工艺参数。

表6-2　焊丝直径选择参考

焊丝直径/mm	熔滴过渡形式	板厚/mm	焊缝位置
0.5~0.8	短路过渡	1.0~2.5	全位置
	颗粒状过渡	1.5~4.0	水平位置
1.0~1.4	短路过渡	2~8	全位置
	颗粒状过渡	2~12	水平位置
1.6	短路过渡	3~12	水平、立、横、仰
≥1.6	颗粒状过渡	>6	水平位置

表6-3　不同焊丝直径常用的焊接电流和电弧电压

焊丝直径/mm	焊接电流/A	电弧形式	电弧电压/V
0.5	30~60	短弧	16~18
0.6	30~70	短弧	17~19
0.8	50~100	短弧	18~21
1.0	70~120	短弧	18~22
1.2	90~150（160~350）	短弧（长弧）	19~23（25~35）
1.6	200~600（200~500）	短弧（长弧）	20~24（26~40）
2.0	200~600	短弧和长弧	27~36
2.5	300~700	长弧	28~42
3.0	500~800	长弧	32~44

电弧电压也是 CO_2 气体保护焊中重要的焊接参数之一。送丝速度不变时，调节电源外特性，此时焊接电流几乎不变，弧长将发生变化，电弧电压也会变化。随着电弧电压的增加，熔宽明显增加，熔深和余高略有减小，焊缝成形较好，但焊缝金属的氧化和飞溅增加，力学性能降低。为保证焊缝成形良好，电弧电压必须与焊接电流配合适当。通常焊接电流小时，电弧电压较低；焊接电流大时，电弧电压较高，这种关系称为匹配。在焊接打底层焊缝或空间位置焊缝时，常采用短路过渡方式，在立焊和仰焊时，电弧电压应略低于平焊位置，以保证短路过渡过程稳定。短路过渡时，熔滴在短路状态一滴一滴地过渡，熔池较黏，短路频率为5~100Hz。电弧电压增加时，短路频率降低。

焊丝伸出长度是指从导电嘴端部到焊丝端头间的距离，又称干伸长。保持焊丝伸出长度不变是保证焊接过程稳定的基本条件之一。这是因为 CO_2 气体保护焊采用的电流密度较高，焊丝伸出长度越大，焊丝的预热作用越强；反之亦然。预热作用的强弱还将影响焊接参数和焊接质量。当送丝速度不变时，若焊丝伸出长度增加，因预热作用强，焊丝熔化快，电弧电压高，使焊接电流减小，熔滴与熔池温度降低，将造成热量不足，容易引起未焊透、未熔合等缺陷。相反，若焊丝伸出长度减小，将使熔滴与熔池温度提高，在全位置焊时可能会引起熔池铁液的流失。

　　CO_2气体流量应根据对焊接区的保护效果来选取。接头形式、焊接电流、电弧电压、焊接速度及作业条件对流量都有影响。流量过大或过小都将影响保护效果，容易产生焊接缺陷。通常细丝焊接时，流量为 5~15L/min；粗丝焊接时，约为 20L/min。

6.4.1.3　操作要点

　　（1）按下焊枪开关，采用接触引弧，堆焊时宜采用左焊法（从右向左焊接），其特点是易观察焊接方向；电弧不直接作用在母材上，焊道较右焊法宽而浅，飞溅较大，保护效果较好；

　　（2）焊接时稍作横向摆动，摆动幅度要均匀，保证焊道宽窄一致，焊枪角度如图 6-13所示；

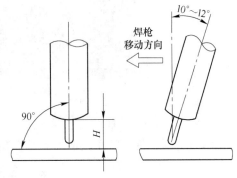

图 6-13　焊枪角度

　　（3）松开焊枪开关，果断收弧；

　　（4）接头处的引弧操作如图 6-14 所示；

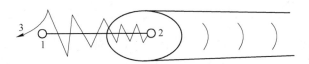

图 6-14　接头操作方法

　　（5）焊至板边缘时，为保证弧坑饱满，防止出现弧坑裂纹，需要连续引弧、熄弧 1~2 次。

　　堆焊接头如图 6-15 所示。

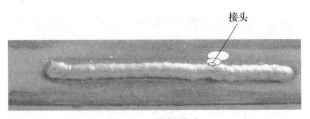

图 6-15　堆焊接头

6.4.2　平板角接

　　平角焊是生产中使用最普遍的一种接头形式和较易施焊的一种焊接位置，焊接过程中关键要掌握焊枪指向位置和焊枪角度，防止出现咬边、焊瘤等缺陷。

6.4.2.1　焊前准备

　　将平板中间 20~30mm 处打磨出金属光泽（立板坡口及两侧 20~30mm 处也要打磨出金属光泽）。注意立板与平板装配一定要严实，要求不能有间隙，以确保根部焊透；一般在焊缝一侧点固 3 段，每段点固焊的长度为 10~15mm，如图 6-16 所示。

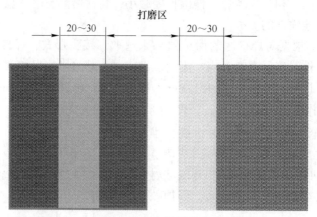

图 6-16　平角焊焊前准备

6.4.2.2　焊接参数

CO_2 气体保护焊平板角接的工艺参数参见表 6-4。

表 6-4　平角焊焊接参数参考

焊道分布	焊接层次	焊丝直径 /mm	焊接电流 /A	电弧电压 /V	气体流量 /L·min⁻¹	焊丝干伸长度/mm
	单层	$\phi 1.0$	140~160	20~22	15~20	12~15

　　焊接时焊枪指向角焊缝根部，与平板和立板之间均成 45°角，其余操作要点参考平板堆焊。

6.4.3　平板对接

　　与其他焊接位置相比，平焊位置操作较容易。但平焊位置打底焊时，熔孔不易观察和控制，在电弧吹力和熔化金属的重力作用下，焊道背面易产生超高或焊瘤等缺陷。

6.4.3.1　焊前准备

将坡口及其正、背面两侧 15~20mm 处打磨出金属光泽，如图 6-17 所示。

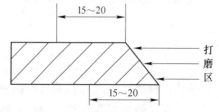

图 6-17　平焊焊前准备（mm）

6.4.3.2　焊接参数

CO_2 气体保护焊平板对接的工艺参数参见表 6-5。

表 6-5　平角焊焊接参数参考

焊道分布	焊接层次	焊丝直径/mm	焊接电流/A	电弧电压/V	气体流量/L·min^{-1}	焊丝干伸长度/mm
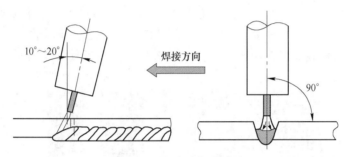	打底（1）	φ1.0	90~110	17~19	15~20	12~15
	盖面（2）		110~130	18~20		

6.4.3.3　焊接操作

A　打底焊

（1）采用左焊法，焊枪角度如图 6-18 所示。

10°~20°　焊接方向　90°

图 6-18　平焊打底焊枪角度

（2）焊枪在离坡口底部 2~3mm 两侧作小幅度锯齿形横向摆动，以保持熔孔的大小一致；摆动到焊缝两侧要停 0.5~1s。如果焊件的坡口间隙很大，应在横向摆动的同时做适当的前后移动的倒退式月牙形摆动（见图 6-19）。

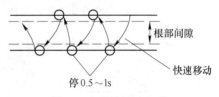

根部间隙

停 0.5~1s　快速移动

图 6-19　焊枪摆动方式

（3）电弧在坡口两侧稍作停留，中间一带而过，要严格控制喷嘴的高度，电弧必须在离坡口底部 2~3mm 处燃烧，焊道厚度不超过 3mm。

（4）打底焊接头时，将待焊接头打磨成缓坡，坡底部要求非常薄，且不能破坏坡口；在缓坡顶部引弧，按打底焊方法正常施焊，焊至坡底部可以自然接头。

B　填充焊

调试好填充层工艺参数，在焊件的右端开始焊填充层，焊枪的横向摆动幅度稍大于打底层，注意熔池两侧熔合情况。保证焊道表面平整并稍下凹，并使填充层的高度低于母材表面 1.5~2mm，焊接时不允许烧化坡口棱边。

C　盖面焊

（1）清理干净打底层焊道及飞溅；

（2）焊枪摆动幅度比打底层稍大，电弧需将两侧棱边熔化，且每侧增宽 0.5~1mm；

（3）尽量保持焊接速度均匀，使焊缝匀称，收弧时弧坑要填满。

6.5　CO_2气体保护焊焊后检验

CO_2气体保护焊焊接中参数可调范围宽、飞溅大，焊后一般需进行外观和内部质量检验。

（1）外观检验。对平板对接，正、背面余高按照焊接质量等级 ISO 5817 标准 C 级要求验收，咬边深度按照焊接质量等级 ISO 5817 标准 B 级要求验收。

对角接接头，要求焊道宽窄均匀，表面平整；焊脚不对称满足焊接质量等级 ISO 5817 标准 B 级要求；角焊缝厚度 a 取值范围为 $0.5t \leq a \leq 0.7t$（其中，a 为角焊缝厚度，t 为板材厚度）。

（2）内部检验。X 射线探伤检验，气孔等缺欠按照焊接质量等级 ISO 5817 标准 B 级要求；附加 2 个弯曲检验，弯曲表面不能有大于 3mm 的裂纹。对角接接头，做宏观金相检验，根部未熔合缺欠按照焊接质量等级 ISO 5817 标准 B 级要求验收。

平板对接焊后检验如图 6-20 所示，角接接头焊后检验如图 6-21 所示。

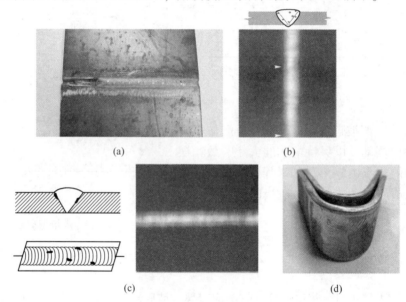

图 6-20　平板对接焊后检验
（a）外观；（b）气孔；（c）未熔合；（d）弯曲试件

图 6-21　角接接头焊后检验
（a）平角焊外观检测；（b）宏观金相试件

7 钨极氩弧焊

氩弧焊是采用氩气作为保护气体的一种气体保护焊方法。在氩弧焊应用中，根据所采用的电极类型可分为非熔化极氩弧焊和熔化极氩弧焊两大类。非熔化极氩弧焊又称为钨极氩弧焊（TIG），是一种常用的气体保护焊方法。

钨极氩弧焊是使用纯钨或活化钨做电极，以氩气作为保护气体的气体保护焊方法。钨极只起导电作用不熔化，通电后在钨极和工件间产生电弧。在焊接过程中可以填丝也可以不填丝，填丝时，焊丝应从钨极前方填加。钨极氩弧焊又可分为手工焊和自动焊两种，以手工钨极氩弧焊应用较为广泛。其焊接过程与工作原理如图7-1所示，手工钨极氩弧焊如图7-2所示。

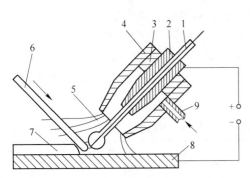

图 7-1 TIG 的工作原理

1—钨极；2—导电嘴；3—绝缘套；4—喷嘴；5—氩气流；
6—焊丝；7—焊缝；8—工件；9—进气管

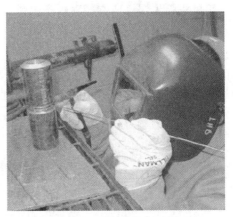

图 7-2 手工钨极氩弧焊

钨极氩弧焊具有以下优点：

（1）由于焊缝被保护得好，故焊缝金属纯度高、性能好。

（2）焊接时加热集中，所以焊件变形小。

（3）电弧稳定性好，在小电流（$I < 10A$）时电弧也能稳定燃烧。

（4）焊接过程很容易实现机械化和自动化。

但钨极氩弧焊也有其缺点：

（1）氩气较贵，焊前对焊件的清理要求很严格。由于采用惰性气体进行保护，无冶金脱氧或去氢作用，为了避免气孔、裂纹等缺陷，焊前必须严格去除工件上的油污、铁锈等。

（2）抗风能力差，TIG焊利用气体进行保护，抗侧向风的能力较差。侧向风较小时，可降低喷嘴至工件的距离，同时增大保护气体的流量；侧向风较大时，必须采取防风措施。

（3）由于钨极的载流能力有限，焊缝熔深浅，只适合于焊接薄板（小于6mm）和超薄板。

（4）为防止钨极的非正常烧损，避免焊缝产生夹钨的缺陷，不能采用常用的短路引弧法，必须采用特殊的非接触引弧方式。

钨极氩弧焊焊接时要求通风良好，一周工作少于2h可不加除尘装置；若一周工作超过2h必须加装除尘装置；为防护射线，尽量采用放射量低的铈钨极，打磨钨极时，要戴口罩、手套，加工后洗净手脸；焊接时工件要良好接地，适当降低频率，降低高频的作用时间；由于在氩弧焊时，臭氧和紫外线比较强烈，需穿戴非棉布工作服；焊接操作时，因两只手同时操作，一般用头罩式焊接面罩。氩弧焊主要用来焊接不锈钢与其他合金钢，同时还可以焊接铝及铝合金、镁合金及薄壁制件。

7.1　钨极氩弧焊实训要求

钨极氩弧焊焊接成本相对焊条电弧焊、CO_2气体保护焊成本较高，生产中通常用于焊接高温合金、不锈钢、易氧化的有色金属和质量要求较高焊缝的打底焊。钨极氩弧焊实训中讲解、演示、练习的重点和时间分配见表7-1，最后的考核方式为平板堆焊、V型坡口单面焊PA（清根）位置、角焊缝PB位置三种任意选一种，评分标准分为优秀、良好、中等、及格、不及格五级，其中平板堆焊最高等级为良好，其他两种位置最高分数可为优秀。考核用试板尺寸为300mm×150mm×6mm，材料为Q235，焊丝为H08Mn2SiA（ϕ=2.5mm或3mm）。

表 7-1　IWE 培训钨极氩弧焊讲解、演示和练习的重点

项目　内容	时间（共1天）/min	老师讲解内容	老师演示内容	学生操作练习
安全防护	10	（1）焊接安全； （2）个人防护	防护面罩的使用	—
焊接设备调节	30	（1）设备调节； （2）填充材料； （3）钨极介绍	钨极打磨	钨极打磨
	20	手动送丝操作要领	（1）设备调节； （2）送丝手法	—
	30	—	—	（1）焊机调节； （2）焊机功能熟悉； （3）送丝手法
平板堆焊	20	平板堆焊操作要领	平板堆焊	—
	100	—	—	平板堆焊
板接试件焊接操作	20	（1）焊前准备； （2）焊接参数	焊接参数对焊缝成形影响	—

续表 7-1

项目 内容	时间(共1天) /min	老师讲解内容	老师演示内容	学生操作练习
板接试件 焊接操作	40	（1）V 型坡口单面焊 PA 位置操作要领； （2）角焊缝 PB 位置操作要领	（1）V 型坡口单面焊 PA 位置； （2）角焊缝 PB 位置； （3）焊缝缺欠分析	—
	150	—	—	（1）堆焊； （2）V 型坡口单面焊 PA 位置； （3）角焊缝 PB 位置
考核	60	（1）平板堆焊、V 型坡口单面焊 PA（清根）位置、角焊缝 PB 位置三种任意选一种； （2）评分标准分为优秀、良好、中等、及格、不及格五级，其中平板堆焊最高等级为良好，其他两种位置最高分数可为优秀		

7.2 钨极氩弧焊设备

钨极氩弧焊设备主要由焊接电源、供气系统、水冷系统、焊枪及控制系统等几部分组成，如图 7-3 所示。

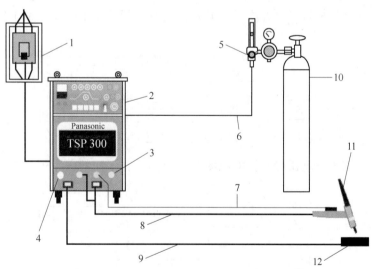

图 7-3 钨极氩弧焊设备组成

1—配电箱；2—焊接电源；3—冷却水；4—外接遥控盒；5—流量计；6—气管；
7—焊炬开关；8—负极电缆；9—正极电缆；10—气瓶；11—焊炬；12—工件

7.2.1 焊接电源

为了得到稳定的电流，减少或排除因弧长变化引起的焊接电流波动，钨极氩弧焊都要求使用具有陡降或垂降外特性的电源。钨极氩弧焊电源有直流、交流、交直流两用和脉冲电源，电源从结构和要求上与一般的焊条电弧焊无多大差别，原则上可通用，只是外特性要求更陡些，电源空载电压一般在 70V 以下，目前使用最为广泛的是晶闸管式弧焊电源和逆变电源。图 7-4 是 OTC AVP-300 焊机的电源铭牌。

OTC		牡丹江欧地希焊接机有限公司 牡丹江海林公路119号		
AVP-300		C0111MS0058002		日期2016
3相 电路图		GB 15579.1—2004		
焊枪符号	~57~89Hz	10A/10.4V to 300A/22.0V		
		X	40%	60%	100%
S	U_o=58V	I_2	300A	245A	190A
		U_2	22.0V	19.8V	17.6V
焊条符号	-----	10A/10.4V to 250A/30.0V		
		X	40%	60%	100%
S	U_o=58V	I_2	250A	204A	158A
		U_2	30.0V	28.2V	26.3V
插头符号 ~3~50/60Hz	U_1=380V	I_{1max}=27.8A		I_{1eff}=12A
IP21S				

图 7-4　OTC AVP-300 焊机的电源铭牌

铭牌中各部分代表的意义如下：

（1）表示采用钨极氩弧焊方法时，电源的调节范围及在不同暂载率下电流电压最大值（见图 7-5）。

焊枪符号	~57~89Hz	10A/10.4V to 300A/22.0V		
		X	40%	60%	100%
S	U_o=58V	I_2	300A	245A	190A
		U_2	22.0V	19.8V	17.6V

图 7-5　TIG 焊不同暂载率下电流电压最大值

（2）表示采用焊条电弧焊时，电源的调节范围及在不同暂载率下，电流电压最大值（见图 7-6）。

焊条符号	-----	10A/10.4V to 250A/30.0V		
		X	40%	60%	100%
S	U_o=58V	I_2	250A	204A	158A
		U_2	30.0V	28.2V	26.3V

图 7-6　焊条电弧焊不同暂载率下电流电压最大值

（3）表示电源输入为三相网路电压 380V，频率为 50Hz 或 60Hz（见图 7-7）。

图 7-7　接入电源频率

OTC AVP-300 焊机的操作面板如图 7-8 所示。

面板上主要功能键选择如图 7-9 和图 7-10 所示。选择"收弧有"指四步控制，选择"收弧无"指两步控制；与收弧控制相对应，需合理选择收弧电流大小（一般收弧电流大小为焊接电流的二分之一）。

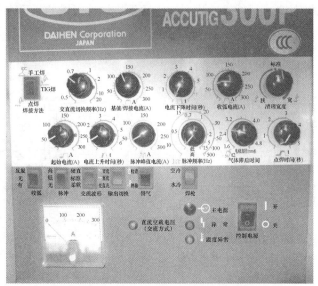

图 7-8　OTC AVP-300 焊机的操作面板

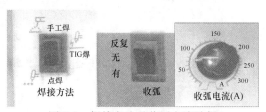

图 7-9　焊接方法及收弧电流选择

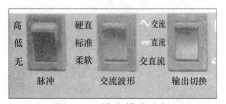

图 7-10　输出模式选择

输出模式主要根据焊接材料选择，碳钢一般为直流正接，镁铝合金等为交流；某些特殊材料，为了达到更好的焊接效果可选用交直流焊接。焊接电流调节旋钮采用直流焊接时，为焊接电流；采用脉冲焊接时为焊接基值电流。

7.2.2　气路和水路系统

供气系统（见图 7-11）为焊接区提供稳定的保护气体，TIG 焊机的气路系统由气瓶、减压阀、流量计、软管及电磁气阀等组成。气瓶盛放氩气或氦气，减压阀（见图 7-12）将瓶中的高压气体压力降低至焊接所需要的压力，流量计用于调节和控制保护气体的流量，电磁气阀用于控制气流的关断，受控制系统控制，输送保护气体的软管采用聚氯乙烯塑料软管，要求防止水、水汽及其他脏物进入气路系统。焊接前打开焊接电源操作面板上的检气开关，气表压力降低，说明气瓶正常关闭，顺时针旋转关闭气瓶。

　　TIG 焊时，一般焊接电源许用电流在 150A 以上的焊枪会加装水冷系统，水冷系统作用是降低焊枪及钨极温度。另外水冷式焊枪，通常将焊接电缆装入通水软管中做成水冷电缆，这样可大大提高电流密度，减轻电缆重量，使焊枪更轻便。为了保证冷却水能可靠地接通，并在一定压力才能起动焊接设备，可在水路中串联水压开关。

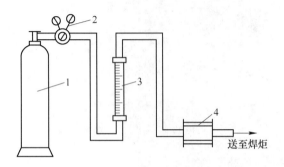

图 7-11　氩弧焊的气路系统

1—高压气瓶；2—减压阀；3—流量计；4—电磁气阀

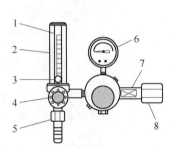

图 7-12　减压器

1—流量刻度管；2—护罩；3—浮动球；

4—流量控制旋钮；5—气管接头组件；6—压力表；

7—连接接头；8—连接螺母

7.2.3　焊枪

　　TIG 焊枪又叫焊炬，是 TIG 焊机的关键组成部件之一，焊枪的主要作用有：

　　（1）夹持钨极；

　　（2）传导焊接电流；

　　（3）向焊接区输出保护气体。

　　对焊枪的性能要求有：

　　（1）喷出保护气体具有良好的流动状态和一定的挺度；

　　（2）枪体具有良好的气密性和水密性；

　　（3）枪体能被充分冷却；

　　（4）喷嘴与钨极之间有良好绝缘；

　　（5）质量轻、结构紧凑、可达到性好、拆装维修方便。

　　钨极氩弧焊焊枪分为两种：空冷式焊枪和水冷式焊枪。空冷式焊枪冷却作用由保护气体的流动完成，具有结构紧凑、质量小、便于操作等优点。其许用电流一般在 50~150A 之间，电流过大容易烧损焊枪元件；水冷式焊枪用水对焊接电缆及喷嘴进行冷却，许用电流一般在 150A 以上，结构较复杂，比气冷式重而贵。

　　焊枪一般由枪体、喷嘴、电极夹持机构、电缆、氩气输入管、水管、开关及按钮组成，如图 7-13 所示。

　　喷嘴的形状对气流的保护性能影响较大，为使出口处有较厚的层流层，以取得良好的保护效果，常采取以下措施：

（1）喷嘴上部有较大空间做缓冲室，以降低气流的初速；

（2）喷嘴下部为断面不变的圆柱形通道，通道越长，近避层流层越厚，保护效果越佳，通道直径越大，保护范围越宽；

（3）在气流通道加设多层铜丝网或多孔隔板（多为气筛或气体透镜），以限制气体的横向运动，有利于形成层流。

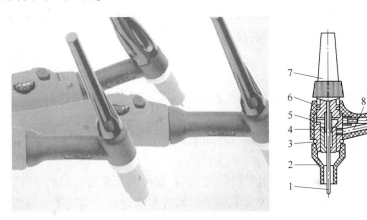

图 7-13　焊枪结构

1—钨极；2—磁嘴；3—密封环；4—轧头套管；5—钨极夹；6—枪体塑料压制件；7—钨极帽；8—送气管；9—冷却水管

生产中常用的喷嘴材料有陶瓷、紫铜和石英等，截面为圆柱等截面形、收敛形或扩散形。圆柱等截面形喷嘴喷出的气流不会因截面变化而引起流速变化，其有效保护区域最大；收敛形喷嘴电弧可见度较好，便于操作；扩散形喷嘴一般用于熔化极气体保护焊。焊枪中的电极、导电嘴、喷嘴如图 7-14 所示。

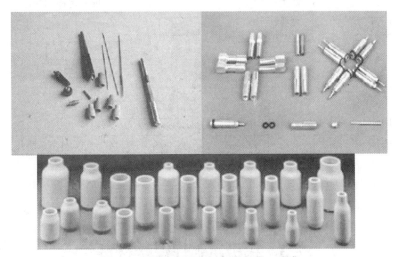

图 7-14　焊枪中的电极、导电嘴、喷嘴

7.2.4　引弧装置

TIG 焊的引弧方式有接触引弧及非接触引弧两种。接触引弧通过接触-回抽过程实现。引弧时首先使钨极与工件接触，此时，短路电流被控制在较低的水平上（通常小于 5 A），

预热但不熔化钨极；钨极回抽后，在很短的时间内（几微秒）将电流切换为所需要的大电流，将电弧引燃。该方法仅适用于直流正接的直流氩弧焊机。其最大的优点是避开了高频电及高压脉冲的干扰，可用于计算机控制的焊接设备或焊接机器人中。

非接触引弧利用高频振荡器产生的高频，击穿钨极与工件之间间隙（一般 3mm 以内）而引燃电弧。

大电流钨极氩弧焊机一般不采用接触式引弧，因为接触式引弧时强大的短路电流使钨极熔化烧损，造成焊缝夹钨，影响焊缝力学性能。

7.2.5　焊接程序控制装置

TIG 焊接控制装置与气体保护焊相比较要更为复杂，需要控制的情况更多，主要安装焊接时序控制电路，控制提前送气、滞后停气、引弧、电流通断、电流衰减和冷却水流通断等。图 7-15 为交流手工 TIG 焊控制程序方框图。钨极氩弧焊焊接控制装置应满足要求如下：

（1）焊前提前 1.5~4s 输送保护气体，以驱赶焊枪内及焊接区域的空气。

（2）焊后延迟 5~15s 停气。焊接完成后，钨极温度过高，空气侵入易造成钨极烧损；焊接完成后，熔池未完全冷却，空气侵入致使收弧位置中形成气孔。

（3）自动接通和切断引弧和稳弧电路。

（4）控制电源的通断。

（5）焊机具有收弧功能时，焊接结束前电流自动衰减，以消除弧坑并防止弧坑开裂，对于某些热裂纹敏感材料及环缝尤为重要。

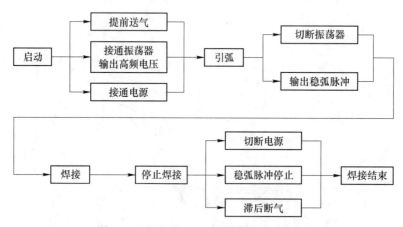

图 7-15　交流手工 TIG 焊控制程序方框图

7.3　钨极氩弧焊焊接材料

钨极氩弧焊的焊接材料主要有保护气体、填充金属和电极材料等。

（1）保护气体。TIG 焊一般采用氩气、氦气、氩氦混合气体或氩氢混合气体作为保护气体。氩气是应用最多的气体，具有电弧稳定、引弧特性好、焊缝成形好等优点，电弧电压一般为 8~15V。氦气电离电位高，引弧困难，但氦气具有热传导性能比氩气好，能实现更快的焊接速度；冷却效果好，电弧能量密度大，弧柱细而集中，焊缝的熔深和熔宽大；焊接铝时气孔少等优点。

氦气价格昂贵，只在特殊场合使用，如核反应堆的冷却棒，大厚度的铝合金等。在同样电弧功率下，氦气相对原子质量是氩气的 1/10，焊接要获得同样的保护效果，流量是氩气的 2~3 倍。

氩-氦混合保护气主要用于焊接不锈钢和镍基合金，其目的是提高焊接速度（能提高电弧电压从而提高电弧热效率）、有助于控制焊接金属成形，使焊道更均匀美观。

焊接过程中通常使用瓶装氩气，氩气瓶的容积为 40L，外面涂成灰色，标以"氩气"二字，满瓶时的压力为 15MPa。氩气的纯度要求与被焊材料有关，焊接用氩气有 99.99% 和 99.999% 两种纯度，能满足各种材料的焊接要求。

（2）电极材料。TIG 焊电极的作用是导通电流、引燃电弧并维持电弧稳定燃烧，其性能要求有：

1）焊接过程中电极不熔化，因此电极必须具有高的熔点，钨的熔点为 3380℃以上，可满足要求。

2）电流容量大。电流容量指一定直径的钨极允许通过的最大电流，一定直径的钨极允许通过的电流是有限的，过大则导致钨极熔化，形成熔球，电弧漂移。

3）引弧及稳弧性能好，还要求电极具有较低的逸出功、较大的许用电流、较小的引燃电压。

钨极氩弧焊使用的电极材料有纯钨极、铈钨极和钍钨极，钨极氩弧焊常用电极的化学成分见表 7-2。纯钨（WP）直流焊引弧性相对较差，易形成光滑的球端，电流负载能力低、寿命短；钍钨（WT）引弧非常容易，有较高的负载能力，但有放射性；铈钨（WC）性能优于钍钨，无放射性、寿命长、载流能力大（高 5%~8%）、阴极电压低、电弧稳定性高；镧钨（WL）比钍钨或铈钨有更长的使用寿命，但引弧性能不好。钨极性能比较见表 7-3。

表 7-2　钨极氩弧焊常用电极的化学成分

电极牌号	化学成分（质量分数）/%						
	W	ThO_2	CeO_2	SiO_2	$Fe_2O_3+Al_2O_3$	Mo	CaO
W_1	>99.92	—		0.03	0.03	0.01	0.01
W_2	>99.85	—		—	总含量不大于 0.15%		
WTh-10	余量	1.0~1.49		0.06	0.02	0.01	0.01
WTh-15	余量	1.5~2.0		0.06	0.02	0.01	0.01
WCe-20	余量	—	2.0	0.06	0.02	0.01	0.01

表 7-3　钨极性能比较

名称	空载电压	电子逸出功	小电流下断弧间隙	电弧电压	许用电流	放射性剂量	化学稳定性	大电流时烧损	寿命	价格
纯钨	高	高	短	较高	小	无	好	大	短	低
钍钨	较低	较低	较长	较低	较大	小	好	较小	较长	较高
铈钨	低	低	长	低	大	无	较好	小	长	较高

采用交流钨极氩弧焊焊接时一般将钨极端头磨成半圆球状，随着电流增加，球径也随之增大，最大时等于钨极半径。随着钨极端头锥角增大，弧柱扩散倾向减小、熔深增大、熔宽减小，焊缝横截面积基本不变。

7.4   手工 TIG 操作要点

无论是手工钨极氩弧焊还是自动钨极氩弧焊，其焊接过程的一般程序是：

（1）起弧前通过焊枪向始点提前 1.5~4s 输送保护气，以驱赶管内和焊接区的空气。

（2）熄弧前应滞后 5~15s 停气，保护尚未冷却的钨极和熔池；焊枪必须待停气后才离开终焊处。

（3）在接通焊接电源的同时，即启动引弧装置；电弧引燃后即进入焊接，焊枪的移动和焊丝的送进同时协调进行。

（4）自动接通、切断引弧和稳弧电路，控制电源的通断。

（5）焊接结束时，焊接电流应能自动衰减，直至电弧熄灭，以消除和防止弧坑裂纹，这对环缝焊接及热裂纹敏感的材料尤其重要。

（6）用水冷式焊枪时，送水和送气应同步进行。

钨极氩弧焊坡口形式及尺寸根据材料、板厚等确定，板厚小于 3mm 时可不开坡口，板厚在 3~12mm 时，开 V 形或 Y 形坡口。

7.4.1   平板堆焊

7.4.1.1   焊前准备

（1）母材清理。惰性气体在焊接过程中仅仅起到隔离作用，所以对工件表面清理要求比较高。工件在焊接前需清理干净焊接区内所有的油污、水锈等污物，可通过物理（砂轮打磨）或化学方法进行清理。

（2）常用钨极种类及打磨。生产当中最为常用的钨极为铈钨极。采用直流焊接碳钢时，钨极需打磨成圆锥形，锥度为 20°~25°，打磨长度大约为钨极直径的 2~3 倍；焊接铝合金等材料，采用交流焊接时，钨极需打磨成圆台或圆球形。不同极性接法时钨极处理如图 7-16 所示。

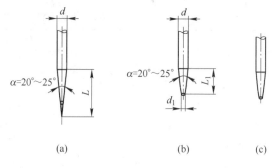

图 7-16   不同极性接法时钨极处理

（a）直流；（b），（c）交流

7.4.1.2   气体流量选择

钨极氩弧焊保护气体主要有三种：氩气、氦气、混合气体。氩气是惰性气体，几乎不与任何金属产生化学反应，也不溶于金属中。氩气比空气密度大，而比热容和热导率比空气小，这些物理特性使氩气具有良好的保护效果，且具有好的稳弧特性。

氦气也是惰性气体，氦气电离电位很高，所以引弧较困难；氦气相对原子质量轻、密度小，要有效的保护焊接区域，其流量要比氩气大得多；由于氦气成本较高，只在某些特殊场合下使用；氦气热导率较高，大约是氩气的 10 倍，一定程度上降低预热温度。

氩气-氦气混合气体，一般成分比例为 He（70%～80%）+Ar（20%～30%），同时具备氩气的电弧稳定、氦气的降低预热温度，并克服纯氦气引弧困难的缺点，但相对使用纯氩气成本较高，实际生产中使用较少。

氩气-氢气混合气体，在氩气中加入一定量的氢气可提高焊接热输入，增加熔深，并抑制焊缝中 CO 气孔的形成；氢气是还原性气体，这种混合气只限于焊接不锈钢、镍基合金和镍-铜合金。

7.4.1.3　送丝

左手大拇指、食指和中指捏紧焊丝，小指和无名指夹住焊丝控制方向（见图 7-17），焊丝末端应始终处于氩气保护区内，以免被空气氧化，造成焊缝缺陷。填丝时根据焊缝填充量的不同，填充量大可连续送丝，填充量小可断续送丝。

7.4.1.4　焊枪摆动方式

钨极氩弧焊焊枪运行基本动作包括沿焊缝轴线和横向两种，但焊枪的摆动方式很多，根据材料、位置、装配形式的不同，摆动方式也有所不同，具体见表 7-4。

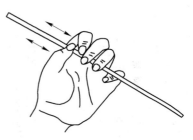

图 7-17　钨极氩弧焊手动送丝姿势

表 7-4　焊枪摆动方式

焊枪摆动方式	摆动方式示意图	适 用 位 置
直线形		I 型坡口对接，多层多道焊，打底焊接
锯齿形		对接接头全位置焊接
月牙形		横焊打底焊接，角焊缝焊接

7.4.1.5　典型焊接参数选择

（1）焊接电流与钨极直径：通常根据工件的材质、厚度和接头的空间位置选择焊接电流。

（2）电弧电压：主要由弧长决定，弧长增加，焊缝宽度增加、熔深稍减少。

（3）焊接速度：焊接速度增加时，熔深和熔宽减少，焊接速度太快时，容易产生未焊透。

（4）电源种类：根据所焊的材质来选择直流或交流电源。

（5）喷嘴的直径与氩气流量：根据所焊产品来选择喷嘴直径，可按式（7-1）选择：

$$D = (2.5 \sim 3.5)D_w \tag{7-1}$$

式中　D——喷嘴直径或内径，mm；

D_w——钨极直径，mm。

氩气流量可按式（7-2）计算：

$$Q = (0.8 \sim 1.2)D \tag{7-2}$$

式中　Q——氩气流量，L/min；

　　　D——喷嘴直径，mm。

（6）钨极伸出长度：焊接对接焊缝时，钨极伸出长度为 5~6mm 较好，焊角焊缝时，钨极伸出长度为 7~8mm。

（7）喷嘴与工件间距离：指喷嘴端面和工件距离。

（8）焊丝直径的选择（见表7-5）：根据所焊工件厚度材质、焊接电流大小，选择钨极直径。

表 7-5　根据焊接电流大小选择合适的焊丝

焊接电流/A	钨极直径/mm	焊接电流/A	钨极直径/mm
10~20	≤1.0	200~300	2.4~4.5
20~50	1.0~1.6	300~400	3.0~6.0
50~100	1.0~2.4	400~500	4.5~8.0

7.4.1.6　操作要点

（1）引弧。引弧可采用接触式引弧，也可采用非接触引弧。接触式引弧，操作比较简单，但容易造成焊缝夹钨，不经常使用。非接触引弧，将焊枪倾斜，磁嘴接触所焊接试件，将钨极指向所焊接位置，悬空大约 3mm，通过高频引弧器进行起弧。

（2）焊枪及焊丝角度。钨极氩弧焊焊接时，焊枪、焊丝和工件之间必须保持正确的相对位置（见图7-18、图7-19），焊直缝时通常采用左向焊法。焊丝与工件间的角度不宜过大，否则会扰乱电弧和气流的稳定。

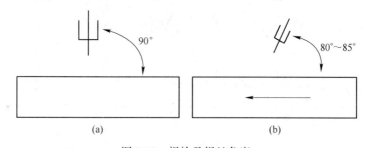

图 7-18　焊枪及焊丝角度

（a）垂直方向焊枪角度；（b）焊接方向焊枪角度

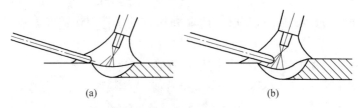

图 7-19　起弧后填丝位置

（a）正确；（b）不正确

采用锯齿形摆动进行焊接，可一点送丝，即每摆动一个周期，在焊缝中间加入焊丝；也可两点送丝，即每摆动焊枪到焊缝边缘，在焊缝中间加入焊丝或在焊缝边缘加入焊丝。

采用一点送丝，在每个周期内少量加入焊丝，相对焊缝表面均匀。采用两点送丝，在摆动到焊缝两侧位置送丝，此种送丝方式对送丝量及送丝速度有很高要求。

手工钨极氩弧焊填充焊丝时，需待母材熔融充分后再填丝，以免造成金属不熔合。一般沿着与工件表面呈 15°角的方向填丝，敏捷地从熔池前沿点进焊丝，随后撤回焊丝，并重复该动作。

焊接时要绝对防止焊丝与高温钨极接触，以免钨极被污染、烧损而破坏电弧稳定性；断续送丝要防止焊丝端部移出气体保护区而被氧化。

平板堆焊常见缺陷有弧坑裂纹，主要因收弧速度过快、弧坑急剧冷却而出现；夹钨，焊接过程中钨极与熔池相接处、焊丝与钨极相接处、钨极打磨过细造成烧断等现象；焊缝成形不均匀；填丝速度及行走速度不均匀。

7.4.2　角焊缝

焊之前先对试件打磨并装配，打磨要求与平板堆焊相同。其焊接参数可参考表 7-6。

表 7-6　TIG 角焊缝 PB 位置焊接参数

接头形式	焊接层次	焊丝直径/mm	焊接电流/A	气体流量/L·min⁻¹
	打底焊（1）	φ2.4	130~150	8~12
	盖面焊（2、3）	φ2.4	120~140	8~12

7.4.2.1　打底焊

在试件的右端引燃电弧，待形成熔池后加入焊丝进行焊接。焊接时稳定电弧长度，运枪速度要均匀；焊枪每向前移动一定距离后，稍作停顿，待观察焊缝熔化形成完整的熔池后加入焊丝，焊丝送入熔池前上方，以防止形成的焊缝下偏。角焊缝 PB 位置的焊接如图7-20 所示。

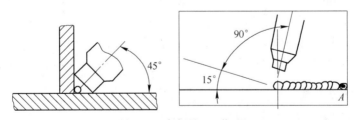

图 7-20　角焊缝 PB 位置

角焊缝母材厚度小于 3mm 时，由于钨极氩弧焊焊接速度较慢，热量较高，易造成烧穿；但焊接速度过快，易造成根部未焊透，形成假焊。

7.4.2.2　盖面焊

如图 7-21 所示，焊接从焊道 1 下焊趾处开始，使熔池的上沿在焊道 1 的 2/3 处；熔池的下沿与底板均匀过渡；为保证焊缝美观，盖面层焊道 3 的焊道要压焊道 2 焊缝的 1/2处，焊接速度要快，增加送丝频率，适当减少送丝量；施焊过程中焊枪移动和送丝要配合协调，避免焊后出现咬边现象。

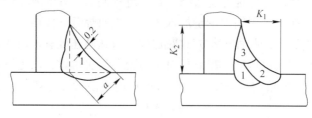

图 7-21　角焊缝 PB 位置盖面焊

角焊缝盖面焊最易出现的问题为焊脚不对称，需对焊枪角度及电弧指向位置正确选择。

7.4.3　平板对接

7.4.3.1　焊前准备

试件打磨、装配，并进行反变形设计，要求如图 7-22 所示。

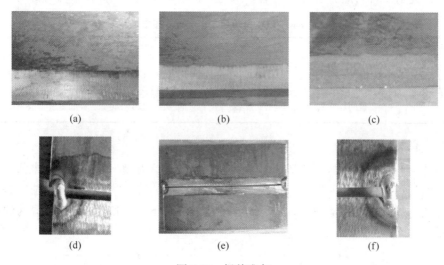

图 7-22　焊前准备

（a）背面打磨（坡口下侧）；（b）正面打磨（坡口上侧）；（c）坡口打磨；
（d）终焊端（间隙 5mm）；（e）装配图；（f）起焊端（间隙 4mm）

7.4.3.2　焊接参数

TIG 焊板对接 PA 位置焊接参数参见表 7-7。

表 7-7　TIG 对接 PA 位置焊接参数

接头形式	层道分布	焊接电流/A	气体流量/L·min⁻¹	焊丝直径/mm
	打底焊（1）	80~90	8~12	
	填充焊（2）	120~130	8~12	φ2.4
	盖面焊（3）	115~125	8~12	

7.4.3.3 操作要点

A 打底焊

在右点固焊缝处引燃电弧，然后在引弧点处作停留，形成熔池后做横向摆动至点固焊点左端，稍作停顿待形成熔孔后少量送入焊丝进行施焊。打底焊送丝速度不均匀，容易造成背面焊缝不均匀；焊接波动过程中，中间速度过慢，易造成焊缝下塌，背透过高；焊枪角度控制不好，单侧焊缝过厚，相对一侧下塌，造成背透单侧过高。板对接打底焊如图7-23 所示。

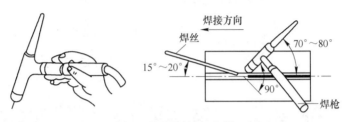

图 7-23 板对接打底焊

当一根焊丝焊完以后，或由于某种原因停弧时，焊枪应做左右摆动，使熔池与两侧坡口面熔合良好，圆滑过渡，然后摆至一侧坡口面利用衰减熄灭电弧并延时保护，这样可获得一个无尖角、裂纹、冷缩孔和氧化皮，有缓坡的良好的弧坑，为下一个接头创造良好的接头条件（见图7-24）。

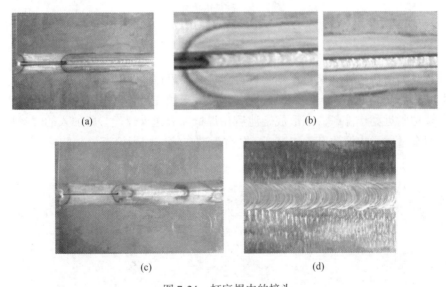

图 7-24 打底焊中的接头

（a）打底层正面；（b）打底层正面局部位置；（c）打底层背面成型；（d）背面成型局部

B 填充焊

在填充焊之前，需使用砂轮机或钢丝刷，清理焊缝及工件表面的氧化部分，防止填充焊缝中出现未熔合及气孔。板对接填充焊如图7-25 所示。

施焊时，在试件的最右端引燃电弧，待形成熔池后加入焊丝，焊枪力求做等幅度横向摆动向左焊。当焊枪摆至坡口处，电弧轴线应对准打底层与坡口面的夹角，稍作停顿使夹角熔化再加入焊丝，加入的焊丝量应使填充焊缝距试件上表面棱边 0.5~1.0mm 的余量，并尽量不要破坏上棱边以确保盖面层基准线的平直和盖面层与母材过渡圆滑。焊枪摆动时要保证熔池与坡口面的熔化良好。

打底焊接完成后，填充焊电弧未把熔池夹角完全吹开，造成铁水覆盖在夹角上，容易形成未熔合（未焊透）。

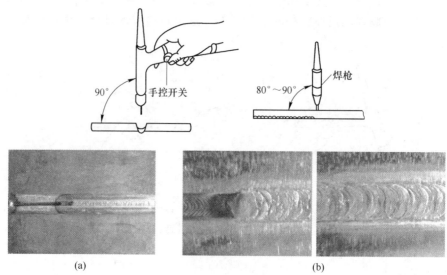

（a）   （b）

图 7-25　板对接填充焊

（a）填充层；（b）填充层局部

C　盖面焊

在进行盖面前应对填充层不规则处进行清理，然后调整好焊接规范进行焊接，焊枪及焊丝角度同打底焊相同，不同在于横向摆动幅度大于填充层；但电弧轴线不应摆出坡口棱边，应在棱边附近稍作停顿，当形成熔池后在焊枪前方送入焊丝，所加入的焊丝量应填满填充层所留余量并溢出棱边 0.5~1.5mm 左右为准，然后摆焊枪至另一侧棱边。这样可以使盖面层焊缝饱满与母材过渡圆滑（见图 7-26）。

（a）   （b）

图 7-26　板对接盖面焊

（a）盖面焊；（b）盖面焊局部

7.5　TIG 焊后检验

（1）平板对接。外观检验根据焊接质量等级 ISO 5817-C 级标准进行检验，一般要求

余高为 $h \leqslant 1+0.15b$；根据焊接质量等级 ISO 5817-B 级标准要求不允许有表面气孔、裂纹、未熔合等缺陷；按照焊接质量等级 ISO 5817-B 级标准要求，咬边长度小于 20%焊缝长度，咬边深度不超过 0.5mm。

内部检验根据焊接质量等级 ISO 5817-B 级标准进行射线检验。

（2）角焊缝。角焊缝外观检验时，首先观看焊缝表面是否有明显缺陷，如气孔、裂纹、明显未熔合等。外观检验中余高按焊接质量等级 ISO 5817-C 标准进行检验，其余检验项目按焊接质量等级 ISO 5817-B 标准进行检验。焊缝上有咬边，咬边的深度大于 0.5mm，长度超过焊缝 20%，则焊缝不合格。角焊缝焊脚大小与板材厚度有一定关系：$0.5t \leqslant a \leqslant 0.7t$（$a=\sqrt{2}k$），即 $0.7t \leqslant k \leqslant 1.0t$。

内部检验根据焊接质量等级 ISO 5817-B 级标准进行射线检验。

8 埋 弧 焊

埋弧焊是电弧在焊剂下燃烧并进行焊接的方法。焊丝末端和焊件之间产生电弧，电弧的辐射热使焊丝末端周围的焊剂熔化，有部分被蒸发，焊剂蒸发气将电弧周围的熔化焊剂排开，形成一个封闭的空腔，使电弧与空气隔绝，电弧在空间继续燃烧，焊丝不断熔化，熔化的焊丝便不断地过渡到熔池，随着焊接过程的进行，电弧向前移动，焊接熔池也随之冷却而凝固，形成焊缝，比重比较轻的熔渣浮在熔池表面，冷却后形成渣壳。埋弧焊焊接过程如图 8-1 所示。

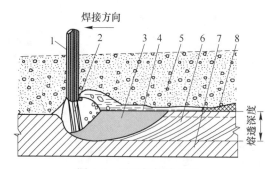

图 8-1　埋弧焊焊接过程
1—焊丝；2—电弧；3—熔池金属；4—熔渣；5—焊剂；6—焊缝；7—焊件；8—渣壳

焊接时，焊丝与焊件之间的电弧，完全淹埋在 40~60mm 厚的焊剂层下燃烧。靠近电弧区的焊剂在电弧热的作用下被熔化，这样，颗粒状焊剂、熔化的焊剂把电弧和熔池金属严密的包围住，使之与外界空气隔绝。焊丝不断地送进到电弧区，并沿着焊接方向移动。电弧也随之移动，继续熔化焊件与焊剂，形成大量液态金属与液态焊剂。待冷却后，便形成了焊缝与焊渣。由于电弧是埋在焊剂下面的，故称埋弧焊（又称焊剂层下电弧焊）。

自动焊埋弧的焊接过程如图 8-2 所示，焊件接口开坡口（30mm 以下可不开坡口）后，先进行定位焊，并在焊件下面垫金属板，以防止液态金属的流出。接通焊接电源开始焊接时，送丝轮由电机传动，将焊丝从焊丝盘中拉出，并经导电器而送向电弧燃烧区。焊剂也从焊剂斗送到电弧区的前面。在焊剂的两侧装有挡板以免焊剂向两面散开，焊完后便形成焊缝与焊渣。部分未熔化的焊剂，由焊剂回收器吸回到焊剂斗中，以备继续使用。

埋弧焊具有生产效率高、焊接质量稳定、劳动强度低、无弧光刺激、有害气体和烟尘少、节省焊接材料等优点。因此在工业生产中应用较广泛，埋弧焊具有以下特点：

（1）焊接电流大。相应电流密度大，加上焊剂和熔渣的隔热作用，其热效率高、熔深大，工件在不开坡口情况下，一次熔深可达 20mm。

（2）焊接速度快。以钢板厚度 10mm 的对接焊缝为例，单丝埋弧自动焊的焊接速度可达 50~80cm/min，而焊条电弧焊一般不超过 10~13cm/min。

（3）自动化程度高。埋弧自动焊采用裸焊丝连续焊接，焊缝越长，生产效率越高。

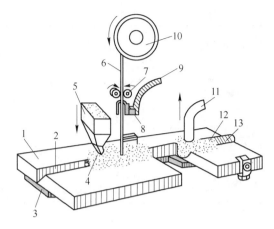

图 8-2　自动埋弧焊焊接过程

1—焊件；2—V 形坡口；3—垫板；4—焊剂；5—焊剂斗；6—焊丝；7—送丝轮；
8—导电器；9—电缆；10—焊丝盘；11—焊剂回收器；12—焊渣；13—焊缝

（4）改善劳动条件。减轻劳动强度，没有电弧对人体的辐射。

（5）焊缝质量好。埋弧焊时，熔池金属与空气隔绝，且凝固速度慢，增加了熔池冶金反应时间。减少焊缝中产生气孔、裂纹的机会。焊剂还可向焊缝金属补充一些合金元素，提高焊缝的综合性能。

8.1　埋弧焊实训要求

由于埋弧焊自动化水平高，对操作人员要求较低，埋弧焊讲解、演示和练习的重点见表 8-1，考核评分标准分为优秀、良好、中等、及格、不及格五级。

表 8-1　埋弧焊实训中讲解、演示和练习的重点

内容＼项目	时间(共1天)/min	老师讲解内容	老师演示内容	学生操作练习
安全防护	10	（1）焊接安全； （2）个人防护	—	—
焊接设备调节	20	（1）设备调节； （2）填充材料； （3）焊剂介绍	焊剂烘干箱使用	焊剂烘干箱使用
	20	（1）设备组成； （2）参数设置； （3）引弧、熄弧	设备调节	引弧、熄弧
	20	—	—	（1）焊机调节； （2）焊机功能熟悉
平板堆焊	20	焊接参数对焊缝成形影响	（1）典型参数堆焊； （2）变化参数堆焊	—
	100			平板堆焊

续表 8-1

内容＼项目	时间(共1天)/min	老师讲解内容	老师演示内容	学生操作练习
板接试件焊接操作	20	（1）焊前准备； （2）焊接参数	引弧板、收弧板准备	—
	30	（1）Ⅰ型坡口双面焊 PA 位置操作要领； （2）打底 V 型坡口单面焊 PA 位置操作要领	（1）Ⅰ型坡口双面焊 PA 位置； （2）打底 V 型坡口单面焊 PA 位置； （3）焊缝缺欠分析	—
	180	—	—	（1）堆焊； （2）Ⅰ型坡口双面焊 PA 位置； （3）V 型坡口单面焊 PA 位置
考核	60	（1）堆焊、Ⅰ型坡口双面焊 PA 位置、V 型坡口单面焊 PA 位置任意一种； （2）评分标准分为优秀、良好、中等、及格、不及格五级		

8.2　埋弧焊设备

埋弧焊设备主要由电源、控制系统、焊接小车（包括送丝机构、行走机构、导电嘴、焊丝盘、焊剂漏斗）、辅助设备（焊接夹具、工件变位设备、焊剂输送装置及回收装置）等组成（见图 8-3）。

埋弧焊电源有直流、交流电源，空载电压为 70~80V，额定电流为 500~2000A，一般采用缓降特性和平特性电源。如果焊剂中含有较高的 CaF_2，则应采用直流电源；如送丝机构为等速送丝机构时，应选择平特性电源，送丝机构为均匀（弧压反馈）送丝机构时，应选择陡降特性电源。

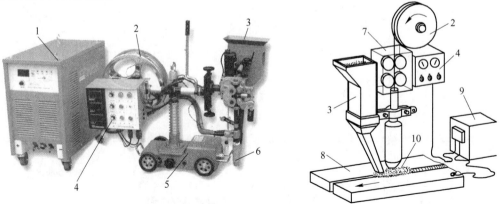

图 8-3　埋弧焊机设备组成

1—焊接电源；2—焊丝盘；3—焊剂盒；4—控制面板；5—行走小车；6—焊枪；
7—送丝轮；8—工件；9—控制箱；10—焊剂

送丝机构由送丝电动机、传动机构、送丝轮、校直轮等组成，送丝机构有等速送丝机构和均匀（弧压反馈）送丝机构，等速送丝机构用于细焊丝，均匀（弧压反馈）送丝机构用于粗焊丝。

行走机构由驱动电动机、传动机构、其他机械装置组成，电动机需要恒速控制，以保证焊接速度不变。

8.3 埋弧焊工艺参数及选择

（1）焊丝直径。焊接电流一定时，焊丝直径越粗，则其电流密度越小，电弧吹力也小。因此，焊缝熔深减小。熔宽增加，余高减小。反之，直径越细，电流密度增加，电弧吹力增强，焊缝熔深增大，而且容易引弧。

（2）焊接电流。焊接电流直接决定着焊丝的熔化速度和焊缝的熔深。当电流由小到大增加时，焊丝熔化速度增加，同时，电弧吹力增加，焊接生产率提高，熔深显著增大，熔宽略有增加。但电流无穷大时，会造成焊件烧穿，焊件变形增大。不同直径焊丝适用的焊接电流见表8-2。

表8-2 不同直径焊丝适用的焊接电流

焊丝直径/mm	2	3	4	5
焊接电流/A	200~400	350~600	600~800	700~1000

（3）电弧电压。电弧电压与电弧长度成正比，电弧电压增高使电弧长度增大，电弧对焊件的加热面增大，因而焊缝熔宽加大，熔深和余高略有减小；反之，电弧电压降低，则焊缝的熔宽相应减小，而熔深和余高增大。电弧电压和焊接电流的匹配见表8-3。

表8-3 电弧电压和焊接电流的匹配

焊接电流/A	600~850	850~1200
电弧电压/V	34~38	38~42

（4）焊丝伸出长度。焊丝伸出长度是从导电嘴端算起，伸出导电嘴外的长度。焊丝伸出越长，电阻越大，焊丝熔化也越快，使焊缝余高增加；伸出长度太短，则可能烧坏导电嘴。埋弧焊细焊丝时，其伸出长度一般为直径的6~10倍。

（5）焊剂粒度。焊剂粒度增大时，熔深略减小，熔宽略增加，余高略减小。焊剂粒度和焊接电流的匹配见表8-4。

表8-4 焊剂粒度和焊接电流的匹配

焊接条件	电流/A	焊剂粒度/mm
埋弧自动焊	<600	0.25~1.6
	<600~1200	0.4~2.5
	>1200	1.6~3.0

（6）焊件倾斜度。焊件倾斜时，在焊接方向上有上坡焊和下坡焊之分。当下坡焊时，熔宽增大，熔深减小，它的影响与焊丝前倾相似；上坡焊时，熔深增大、熔宽减小，这种

影响与焊丝后倾相似。无论上坡焊还是下坡焊，一般倾角不宜大于 6°～8°。

（7）焊接速度。焊接速度对熔宽和熔深有明显的影响，焊接速度在一定范围内增加时，熔深减小，熔宽也减小，余高略增大；焊接速度过高会造成未焊透、焊缝粗糙不平等缺陷；焊接速度过低则会形成焊缝不规则和夹渣、烧穿等缺陷。

8.4　埋弧焊操作要点

（1）焊前准备。以 Q235 钢板试板为例，规格为 6mm×400mm×100mm 两块，5mm×400mm×40mm 垫板一块，6mm×100mm×100mm 引弧板两块。I 形坡口的接头形式如图 8-4 所示。

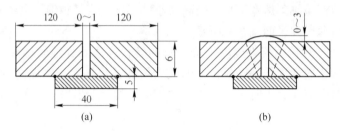

图 8-4　带垫板的 I 形坡口接头形式
（a）坡口与间隙；（b）焊缝形式与尺寸

（2）焊接材料。焊丝选用 H08A 或 H08MnA，直径为 $\phi5.0$mm；焊剂选用 HJ431；定位焊用 E4303，$\phi4.0$mm 焊条。焊前焊丝应除净油、铁锈及其他污物，焊条与焊剂应烘干。

（3）装配要求。试板装配间隙及定位焊要求如图 8-5 所示。将两块试板与引弧板、引出板按图 8-5 要求焊好定位焊缝以后，在试板背面装焊垫板，要求垫板两边与试板间隙对称，与试板贴紧，用定位焊缝固定好，定位焊缝的焊脚尺寸为 4mm，每段定位焊缝长为 20mm，间距 50mm 左右，两边对称。

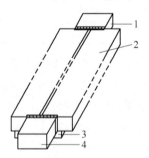

图 8-5　装配间隙及定位焊要求（带垫板）
1—引弧板；2—试板；3—垫板；4—引出板

（4）焊接参数。埋弧焊平板对接焊接参数参见表 8-5。

表 8-5　埋弧焊焊接参数

焊件厚度 /mm	间隙 /mm	焊丝直径 /mm	焊接电流 /A	电弧电压 /V	焊接速度 /m·h⁻¹
6	0~1	4	600~650	33~35	38~40

（5）操作要点：

1）调试焊接参数。先在废钢板上按表 8-5 中的规定在面板上设置好焊接参数。

2）焊丝对中。调整好焊丝位置，使焊丝头对准试板间隙，但不接触试板，然后往返拉动焊接小车几次，反复调整试板位置，直到焊丝能在整块试板上对中间隙为止。

3）准备引弧。将焊接小车拉到引弧板处，调整好小车行走方向开关后，锁紧小车的离合器，然后点动送丝使焊丝与引弧板可靠接触，撒焊剂覆盖焊丝接头。

4）焊缝的引弧。按启动按钮，引燃电弧，焊接小车沿焊接方向走动，开始焊接。焊接过程中要注意观察，并随时调整焊接参数。

5）焊缝的收弧。当熔池全部到了引出板上时，则准备收弧，结束焊接过程；收弧时要注意分两步按停止按钮才能填满弧坑。

9 等离子切割

等离子弧切割原理与一般氧-乙炔焰切割原理有着本质上的不同，它主要是依靠高温高速的等离子弧及其焰流，把被切割的材料局部熔化、蒸发并吹离，随着割炬移动而形成狭窄的割缝。等离子弧切割有以下特点：

（1）等离子弧柱的温度高，远远超过所有金属和非金属的熔点，因此等离子弧切割能够切割所有金属，如不锈钢、铸铁、钨、钼等；采用非转移弧还可切割各种非金属材料，如耐火砖、混凝土、花岗岩等。

（2）切割速度快，生产效率高。如切割 12mm 厚的不锈钢板，速度可达 100～130m/h。

（3）切割质量高，切口狭窄整齐，热影响区小。

（4）割件变形小，割口清理工作量小。

9.1 设 备 组 成

空气等离子弧切割系统（见图 9-1）主要由供气装置、切割电源及割枪组成，水冷枪还需有冷却水装置。

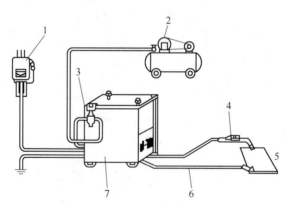

图 9-1　空气等离子弧切割

1—电源开关；2—空气压缩机；3—过滤减压阀；4—割枪；
5—工件；6—接工件电缆；7—电源

（1）供气设备。空气等离子切割设备供气装置的主要设备是一台电机大于 1.5kW 的空气压缩机，切割时所需气体压力为 0.5～0.7MPa。

（2）切割电源。等离子弧切割采用具有陡降或恒流外特性的直流电源，为获得满意的引弧效果，电源空载电压一般为切割时电弧电压的 2 倍。常用切割电源空载电压为 150～400V，最简单的电源输出的电流是不可调的。

（3）割枪。割枪是产生等离子弧并进行切割的关键件，其具体形式取决于割枪的电流等级，一般 60A 以下的割枪采用风冷结构，即利用高压气流对喷嘴和枪体冷却以及对等离子弧进行压缩；而 60A 以上割枪多采用水冷结构。割枪中的电极一般采用镶嵌式锆电极。

由于等离子割枪在极高的温度下工作，枪上的零件一般为是易损件，尤其喷嘴和电极在切割过程中最易损坏，为保证切割质量，必须定期更换。

（4）电极。电极是等离子弧割枪的一个关键原件，直接影响切割效率、切口质量和经济性。等离子弧切割用的电极应具有足够的电子发射能力、导电、导热性良好、熔点高，在高温下耐烧损。电极材料优先选用铈钨，但空气等离子弧切割时，空气对电极氧化作用大，不能选用钨做电极，只能选用镶嵌式锆及其合金做电极。

割枪和电极如图 9-2 所示。

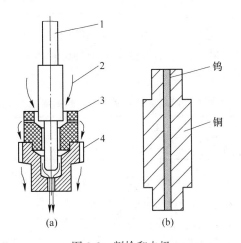

图 9-2　割枪和电极

（a）风冷枪结构；（b）镶嵌式锆电极

1—电极；2—气流；3—分流器（陶瓷）；4—喷嘴

（5）喷嘴。喷嘴是压缩电弧并形成等离子体的重要原件，对切割质量（尤其是切口宽度）有一定的影响。常采用纯铜制造，因纯铜的导热性好，便于冷却，容易加工。喷嘴的壁厚一般 2~3mm，大功率等离子弧切割用的喷嘴可适当厚些。

9.2　切割工艺参数

切割工艺参数包括切割电流、切割电压、切割速度、气体流量、喷嘴距工件高度以及喷嘴与工件的角度，常用空气等离子切割的切割电流、切割电压、气体流量不需调整。

（1）切割速度。切割速度不变的情况下，提高切割速度使切口变窄，热影响区减小，因此在保证切透的前提下尽可能选择大的切割速度。

（2）喷嘴高度。空气等离子切割机正常切割时，喷嘴高度一般为 2~5mm。也可以将喷嘴与工件接触，即喷嘴贴着工件表面滑动，这种切割方式称为接触切割或笔式切割，切割厚度约为正常切割时的一半。

（3）喷嘴角度。为保证割口垂直度，在切割时喷嘴要与工件垂直，在切割方向上可以倾斜一个角度。

（4）气体流量。气体流量大，气体对电弧的冷却作用强，电弧的压缩程度增高，等离子弧的能量更集中，同时等离子弧的冲力更大，切割能力增加。但流量过大，冷却气流从电弧带走过多的热量，会造成电弧不稳定，降低切割能力，使切口质量恶化，严重时使切割过程无法正常进行。气流量对切口宽度和切割表面质量的影响见表9-1。

表9-1　气流量对切口宽度和切割表面质量的影响

切割电流/A	切割电压/V	气体流量/L·h⁻¹	切口宽度/mm	切口表面质量
240	84	2050	12.5	渣多
225	88	2200	8.5	有渣
225	88	2600	8.0	轻渣
230	90	2700	6.5	无渣

（5）切割电流。对于确定厚度的板材，切割电流越大，切割速度越快。但切割电流过大，易烧损电极和喷嘴；另外，切割电流增大会使弧柱变粗，使切口变宽，容易形成V形割口。工作电流选择可参考表9-2。

表9-2　不同孔径喷嘴在切割时有不同的适用工作电流范围

喷嘴孔径/mm	2.4	2.8	3.0	3.2	3.5
工作电流/A	135~160	185~215	210~245	240~280	290~340

切割电流一般根据板厚、切割速度来选择，同时应考虑被切割材料的影响。如切割等厚度的铜，因铜的热导率大，切割电流应适当提高。

（6）切割电压。随着等离子弧功率的提高，切割速度和可切割的厚度可相应地增加，等离子弧的功率由切割电压和切割电流决定。虽然通过提高切割电流也可以提高切割速度和切割厚度，但单纯增加电流会使弧柱变粗、切口加宽，所以切割大厚度工件时，常采用提高切割电压的方法而不是采用提高切割电流的方法。切割电压并不是一个独立的工艺参数，它与许多因素有关。如电源空载电压的大小、工作气体种类和流量、喷嘴的结构、喷嘴与工件的距离和切割速度等。

9.3　等离子切割操作要点

（1）准备工具及防护用品。如钢直尺、石笔、木直尺、绝缘手套、绝缘鞋、防护口罩等。

（2）划线。利用钢直尺和石笔画出切割线，石笔的笔尖可磨成尖样式，线宽应小而清晰。

（3）接通空压机电源，空压机工作，压力升至调定压力（一般0.5~0.7MPa），空压机停止工作，检查有无漏气现象。

（4）打开通向切割机的气路开关（开关把与气路方向一致为打开）。

（5）接通切割机电源，打开切割机上的电源开关，按动割枪上的开关，检查气、电是否已通。

（6）在工件上（或工作台上）接好切割机地线。

（7）将工件放置在工作台上，割枪垂直于工件，喷嘴正中压在割线上，木尺贴靠割枪，并保证木尺与割线平行（在割线上选两点来确定木尺位置）。

（8）割枪贴在工件上（笔式切割），切割方向从前向后。

（9）起割位置与气割相似，按下割枪上的切割开关开始切割，起割时速度稍慢，注意观察割渣飞出方向，在保证割透的前提下加快切割速度。

（10）松开开关切割停止，压缩气体仍持续送 5~10s 以冷却割枪。

（11）清理割口挂渣、检查割口质量和切割尺寸等是否符合要求。

10 生产实习实例

生产实习是焊接技术与工程专业培养计划中最重要的一个实践环节，它是在学生完成基础课和专业课学习的基础上进行的一门必修实践课，主要通过生产现场的观察、动手，以及现场技术讲座、查阅图纸和工艺文件等丰富多彩的形式，充分接触和熟悉现场生产布置、焊接方法与设备、焊接工艺及焊接材料、焊接结构、焊接质量检验、焊接工装夹具及生产管理、焊接工艺评定等生产实际方面的内容，进而加深对课堂上所学的焊接专业基础知识的理解与融会贯通，培养学生工程意识和解决现场生产问题的能力，培养学生劳动纪律和遵守规则、规范的习惯，并逐步实现从学生向生产技术人员的角色转换。而压力容器生产厂家相对其他一般焊接结构制造企业其技术要求相对较高、焊接方法齐备、设备较先进，有严格的现场管理制度和质量保证体系，是学生生产实习的理想场所，本章内容以某电站锅炉压力容器制造企业生产实习为例。

10.1 概　　述

压力容器（见图 10-1）一般指同时具备下列三个条件的容器：（1）工作压力 $P_W \geq 0.1\text{MPa}$（不含液体静压力）。（2）内直径（非圆形截面积指最大尺寸）不小于 0.15m，且容积 $V \geq 0.025\text{m}^3$。（3）盛装介质为气体、液化气体或液体。压力容器虽然种类繁多，形式多样，但其结构一般由筒体、封头、开孔及接管组成，筒体通常由用钢板卷焊而成的一个或多个筒节组焊而成。

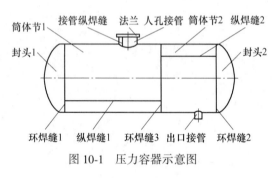

图 10-1　压力容器示意图

按几何形状不同，有椭圆形、球形、碟形、锥形和平盖封头等各种形式。封头和筒体组合再一起构成一台容器壳体的主要组成部分。从制造方法分，封头有整体成形和分片成形后组焊成一体两种形式，从成形方式讲，封头有冷压成形、热压成形和旋压成形等。为使容器壳体与外部管线连接或供人进入容器内部，在一台容器上总有一些大大小小的接管和法兰，这也是容器壳体的主要组成部分。压力容器制造材料要求有足够的强度、良好的塑韧性、相适应的温度、优良的焊接性、高的耐蚀性。

在《压力容器》（GB 150—2011）中，把容器主要受压部分的焊接接头分为 A、B、C、D 四类：

（1）筒体部分的纵向接头（多层包扎容器层板层纵向接头除外）、球形封头与筒体连接的环向接头、各类凸形封头中的所有拼焊接头以及嵌入式接管与壳体对接连接的接头、均属 A 类接头。

（2）壳体部分的环向接头、锥形封头小端与接管连接的接头、长颈法兰与连管连接的接头，均属 B 类接头，但已规定的 A、C、D 类的焊接接头除外。

（3）平盖、管板与圆筒非对接连接的接头，法兰与壳体、接管连接的接头、内封头与筒体的搭接接头以及多层包扎容器层板层纵向接头，均属 C 类焊接接头。

（4）接管、人孔、凸缘、补强圈等与壳体连接的接头，均属 D 类焊接接头，但已规定的 A、B 类的焊接接头除外。

10.2　生产实习前期准备

到生产单位实习前，应做好以下准备工作：

（1）企业安全生产管理体系，对外来实习人员入厂规定、着装要求等，牢固树立安全意识。

（2）了解实习单位的性质和规模、在同行业中的地位、技术能力、自动化水平等，以便实习后对行业有准确的定位。

（3）查阅资料，熟悉实习单位主要产品结构特点、应用对象及工作环境、涉及的典型材料，为抓住实习中重点环节和深入理解实习中的工艺文件等做准备。

（4）了解实习企业相关产品质量控制体系文件、生产过程控制规章制度、现场管理特点等，树立质量意识。

（5）熟悉常用焊接工艺文件及其相互关系：

1）焊接工艺规程 WPS（welding procedure specification）。用于现场指导焊工施焊的作业指导书，它规定了所采用的焊接方法、焊接材料，以及焊接规范等具体操作的内容。

2）焊接工艺评定 PQR（procedure qualificating record）是为验证焊接工艺规程（WPS）的可行性、正确性而进行的一系列试验，其结果（以焊接工艺评定报告的形式）支撑焊接工艺规程，是指导焊接工艺规程编制的依据。

焊接工艺评定用于评定施焊单位是否有能力焊出符合制造标准所要求的焊接接头，同时验证施焊单位制订的焊接工艺指导书是否合适。焊接工艺评定应按相应技术标准执行。焊接工艺评定是在焊接性试验基础上进行的生产前工艺验证试验，应在制订焊接工艺指导书以后，焊接产品以前进行。

焊接工艺评定过程主要包括提出焊接工艺任务书、拟定焊接工艺指导书、施焊试件和制取试样、检验试件和试样、测定焊接接头是否具有所要求的使用性能、出具焊接工艺评定报告。

对生产中遇到的新材料、新工艺、新方法应当进行焊接工艺试验，以得到满足相应标准要求的焊接工艺规程以指导产品的生产。工艺试验中，根据产品要求及车间工艺装备情况进行焊接方法选择，根据母材的理化性能及使用工况并结合实际进行焊接材料的选择。焊接工艺评定的流程如图 10-2 所示。

3）焊接作业指导书 WI（work instruction）是指

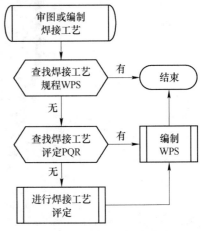

图 10-2　焊接工艺评定流程

导现场焊接操作者进行标准作业的文件。作业指导书基于零件能力表、作业组合单而制成。是随着作业的顺序，对符合每个生产线的生产数量的每个人的作业内容及安全、品质的要点进行明示。

　　4）WPS 与 PQR 的关系。每一份焊接工艺指导书（WPS）应有一份或多份焊接工艺评定（PQR）；一份 PQR 可支撑一份或多份 WPS。

10.3　生产实习内容

10.3.1　典型产品结构

　　生产实习中，首先应熟悉企业的典型产品及其结构特点、应用环境、焊缝质量要求等，在此基础上才能深入理解生产企业的技术文件内容、设备控制精度要求、质量管理体系等。

　　如某锅炉厂生产的 300MW 锅炉结构如图 10-3 所示，其技术特点有：

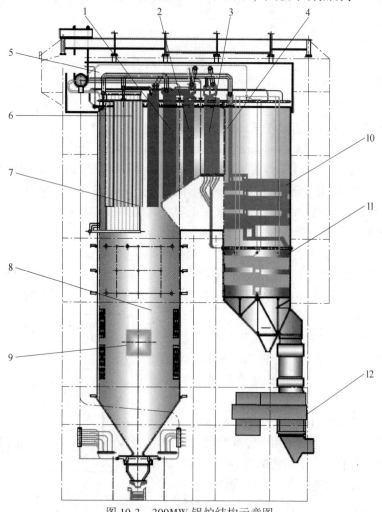

图 10-3　300MW 锅炉结构示意图

1—后屏过热器；2—中温再热器；3—高温再热器；4—高温过热器；5—锅筒；6—大屏过热器；
7—壁式再热器；8—炉膛；9—燃烧器；10—低温过热器；11—省煤器；12—空气预热器

（1）选择了合理的炉膛断面和与其匹配的水冷壁结构尺寸，在炉膛高热负荷区采用了内螺纹管，有效地防止了管内膜态沸腾发生。

（2）按炉膛换热特性合理地划分水循环回路，使锅炉具有安全可靠的水动力特性。

（3）过热器分5级、再热器分3级组成均匀辐射—对流型受热面。

（4）烟气温度大于1000℃的受热面采用冷却定位管和滑动定位块结合，烟温小于1000℃的受热面采用机械式定位板相结合对悬挂管屏（管排）定位。

（5）过热器温度调节采用3级喷水，再热汽温采用燃烧器喷口上下摆动或尾部烟气挡板调节，改变辐射和对流吸热，达到额定汽温。

（6）采用切圆燃烧，燃烧器四角布置，其轴线与炉膛中心较小直径假想圆相切。

（7）采用百叶窗水平浓淡燃烧器，组织浓淡偏差燃烧。在一次风四周还布置有偏置周界风。

（8）合理布置燃烧器，最上排一次风喷口到屏底和最下排一次风喷口到冷灰斗都留有足够的距离。

该产品主要部件汽水分离器（汽包）焊缝布置和焊缝名称如图10-4和表10-1所示。

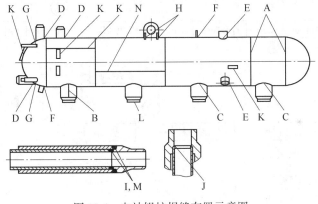

图10-4 电站锅炉焊缝布置示意图

表10-1 某电站锅炉汽包主要焊缝

焊缝代号	接 头 名 称	焊缝代号	接 头 名 称
A	汽包环缝焊接	H	起吊耳板及加强板角焊缝
B	下降管纵焊缝	I	管子对接焊缝1
C	下降管角焊缝	J	给水管接头与管子焊接
D	安全阀给水管接头角焊缝	K	热电偶座钢板件角焊缝
E	大管接头角焊缝	L	下降管与管圈对接焊缝
F	SA-106B、20管接头角焊缝	M	管子对接焊缝2
G	其他管接头与封头焊接	N	汽包纵缝焊接

10.3.2 典型产品工艺流程

某电站锅炉汽包筒体制造的主要工艺流程为：备料—成形—机械加工及坡口制备—装配—焊接—无损检测—热处理—压力/致密性试验—表面处理—油漆包装。主要由筒身、封头和管件组成。

封头的生产工艺流程为：领料—划线—半自动气割—清除两表面油锈、氧化皮—钢板两表面涂刷高温涂料—热冲压成型（加热时封头母材试板同炉）—高温回火（左、右封头同炉，封头母材试板同炉）—修磨、补焊—探伤—装配两筒节焊接环缝（纵缝错开，为了控制焊接变形，其挠度最大方向应安排在第Ⅲ相限）—焊接拉筋板—焊接环缝—打磨探伤面并探伤—转送总装与筒体对接。

筒身的生产工艺流程如图10-5所示。

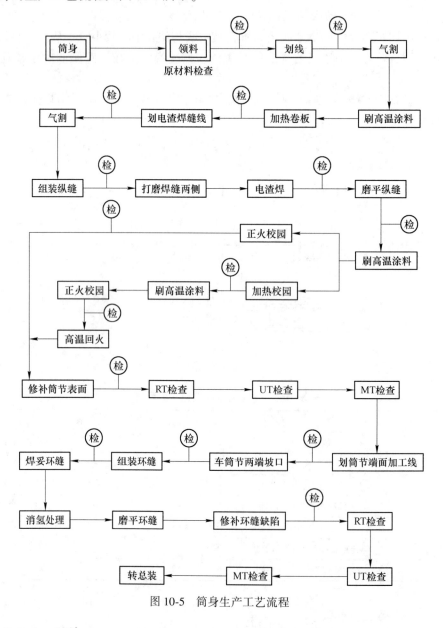

图10-5　筒身生产工艺流程

10.3.2.1　领料

下料前，根据生产计划及材料计划确认设备所用钢板的规格及材质，不得盲目使用材料。

10.3.2.2　划线

放样、划线是压力容器制造过程中的第一道工序，直接决定零件成形后的尺寸和几何形状精度，对以后的组对和焊接工序都有很大影响。

放样、画线包括展开、放样、画线、打标记等环节。筒节的放样、划线工作一般均靠人工进行，而压力容器的制造大多为单件小批生产，因此划线的劳动量大，速度慢。容器的划线又是十分重要的工作，一旦生产错误，将导致整个筒节报废。

A　筒节的划线

筒节的划线是在钢板上划出展开图，即以筒节的平均直径为基准：

$$L = \pi D_m - \Delta L = \pi (D_i + S) - \Delta L \tag{10-1}$$

式中　L——筒节展开长，mm；

D_m——筒节平均直径，mm；

D_i——筒节内径，mm；

S——板厚，mm；

ΔL——钢板伸长量。

通常：

$$\Delta L = (0.10 \sim 0.12) \pi D_m \frac{S}{D_i} \tag{10-2}$$

一些套筒节划线展开长度见表 10-2。

表 10-2　筒节展开长近似计算式

工艺	状态	四辊卷板机	重型三辊卷板机	备　　注
热卷	$950 \sim 1050℃$ 高温	$L = \pi D_m - \Delta L$	—	$\Delta L = (0.10 \sim 0.12) \pi D_m \dfrac{S}{D_i}$
	$600 \sim 680℃$ 中温	$L = \pi D_m - \Delta L_1$	$L = \pi D_m - \Delta L$	$\Delta L_1 = (0.04 \sim 0.055) \pi D_m \dfrac{S}{D_i}$
冷卷	冷态	$L = \pi D_m - \Delta L_2$	$L = \pi D_m - 0.26S$	当 $S > 20$ 时，$\Delta L_2 = 0.05\% (\pi D_m)$；当 $S > 40$ 时，$\Delta L_2 = 0.14\% (\pi D_m)$

注：冷成形时，L 还需对照封头直径大小作适当调整。

B　封头的划线

封头的展开较筒节复杂，有些封头，如椭圆形封头、球形封头和折边锥形封头，属于不可展开的零件，它们从坯料制成零件后，中心层尺寸发生变化。因此，这类零件的坯料计算比较复杂，下面以椭圆形封头为例进行简述。

椭圆形封头的形状较复杂，通常其毛坯直径都是用近似计算方法来确定的。

（1）周长法。对于椭圆形封头来说由于椭圆的半周长计算公式是比较复杂的，为了便于实际应用，必须加以适当简化。采用不同的简化方法，便会得到不同的计算公式。

椭圆半周长的近似计算公式：

$$P = \frac{\pi}{2} \sqrt{2(a^2 + b^2) - \frac{1}{4}(a - b)^2} \tag{10-3}$$

式中　P——封头椭圆形部分的半周长；

　　　a——椭圆的半长轴；

　　　b——椭圆的半短轴。

封头毛坯直径 D_0 在考虑了一定的加工余量后，可按下式计算：

$$D_0 = P + 2hK_0 + 2\delta \tag{10-4}$$

式中　h——封头直边高度；

　　　K_0——封头冲压成形时的拉伸系数，通常可取为 0.75；

　　　δ——封头边缘的加工余量。

对于 $a = 2b$（即 $d_1 = 4b$）的标准椭圆形封头，就可得到更简便的公式：

$$D_0 = 1.233d_1 + 2hK_0 + 2\delta \tag{10-5}$$

（2）面积法。假定封头毛坯面积等于椭圆形封头中型层的面积，椭圆形封头中型层的面积应等于半椭圆球体面积与封头直边部分面积之和，即：

$$F = F_e + F_s \tag{10-6}$$

半椭球体面积：

$$F_e = \pi a^2 + \frac{\pi}{2} \frac{b^2}{K} \ln \frac{1 + K}{1 - K} \tag{10-7}$$

式中　a——椭球体中性轴的半长轴，$a = \dfrac{d_1 + S}{2}$；

　　　b——椭球体中性轴的半短轴；

　　　K——椭圆率，$K = \dfrac{\sqrt{a^2 - b^2}}{a}$；

　　　S——封头直边部分厚度。

令 $m = \dfrac{a}{b}$ ，则得

$$F_e - \frac{\pi}{4}(d_1 + S)^2 \left[1 + \frac{1}{2m\sqrt{m^2 - 1}} \times \ln \frac{m + \sqrt{m^2 - 1}}{m - \sqrt{m^2 - 1}} \right] = \frac{\pi}{4}(d_1 + S)^2 K_e$$

其中，
$$K_e = 1 + \frac{1}{2m\sqrt{m^2 - 1}} \times \ln \frac{m + \sqrt{m^2 - 1}}{m - \sqrt{m^2 - 1}}$$

考虑了加工余量的封头直边部分面积：

$$F_s = \pi(d_1 + S)(h + \delta)$$

封头毛坯面积：
$$F_e{}' = \frac{\pi}{4}D_0$$

且
$$F_0 = F = F_e + F_s$$

最后可得封头毛坯直径：
$$D_0 = \sqrt{(d_1 + S)^2 K_e + 4(d_1 + S)(h + \delta)}$$

对于标准椭圆形封头（$d_1 = 4b$），可算得 $K_e = 1.38$。此时

$$D_0 = \sqrt{1.38(d_1 + S)^2 + 4(d_1 + S)(h + \delta)} \tag{10-8}$$

除了上述两种计算公式之外，还有许多经验计算公式，如：$D_0 = 1.2(d_1 + S) + 2h$ 等，均可在一定范围内应用。

按照生产计划所需筒体的规格给每节筒体排版应既省料又符合国家标准，然后进行划线。当钢板环向长度需拼接时，对于不锈钢材质焊缝最小距离为 500mm，碳钢材质焊缝最小距离为 400mm。当筒体对接时，对于直径 DN1200 及以下的设备，筒体的最小长度为 300mm，对于直径 DN1200 以上的设备，筒体的最小长度为 400mm。

筒体环向下料长度应根据封头直径计算下料尺寸。划线时，钢板宽度划线偏差不大于 1mm，两条对角线之差不大于 3mm，长度偏差不大于 3mm。

划线时应按照用小留大用料靠边的原则，不得浪费；拼接的工件应尽量减少相互之间的距离，减少浪费。

划线尺寸经该班组负责人和工艺员确认后才能切割，切割时应与底部材料进行隔离，防止损坏其他板材。在切割前应做好材料标记、尺寸标记和锅体标记，防止被挪用。

10.3.2.3 卷板（冲压）成形

除大型锻件平封头由锻造厂供应毛坯外，其他形式的压力容器的封头大多采用冲压成形。

A 封头整体冲压

封头的整体冲压成形是借助于冲压模具在水压机上完成的，其工艺过程如下：

（1）坯料准备。如坯料直径较大，则需拼接。拼接焊缝的位置应满足有关标准的要求，即拼缝距封头中心不得大于 1/4 公称直径，拼接焊缝可预先经 100% 无损检测合格（对采用电渣焊拼接缝的坯料，则应先行正火，超声检测合格）。这可避免在冲压过程中坯料从焊缝缺陷处撕裂的可能；坯料拼缝的余高如有碍成形质量，则应打磨平滑，必要时还应作表面检测。

（2）坯料加热。封头冲压过程中，坯料的塑性变形较大，对于壁厚较大或冲压深度较深的封头，为了提高材料的变形能力，必须采用热冲压的办法。一般碳素钢与低合金钢的加热温度在 950~1150℃间，这取决于坯料出炉装料过程的时间长短、压机的能力大小、过高温度对材料性能的影响等因素。冷冲压成形的封头通常须经退火后才能用于压力容器上。不锈钢的加热温度可直接按固溶处理温度选取。

由于在高温下加热钢板会发生氧化，随着加热温度的升高，加热时间的延长，氧化也更加剧，钢板表面会脱碳，对于合金钢及低合金钢，应尽量减少加热时间，可采用不小于 850℃装炉，均热后保温时间一般按 1.0~1.2min/mm 选取。此外，为减少表面氧化带来的不良影响，板坯可预先经表面清理后涂刷保护涂料。

（3）冲压成形。封头的冲压过程属于拉延过程。在冲压过程中，材料产生了复杂的变形，而且在工件不同的部位有着不同的应力应变状态。对于采用压边圈，模具间隙大于封头毛坯钢板厚度的封头冲压，处于压边圈下部的材料主要受切向压缩应力和径向拉伸应力，在厚度方向受到压边圈的压力。其变形特点是在切向产生压缩变形，厚度方向增厚；处于下冲模圆角处的材料，除受到径向拉伸和切向压缩外，还承受弯曲应力；在下冲环与上冲模间隙部分材料，受到径向拉伸应力和切向压缩应力，其变形在切向和径向有相应的压缩和拉伸变形，由于该处在厚度方向不受力，因而处于自由变形状态，在该区域内，愈接近下冲环圆角部分，切向压缩应力愈大，所以对于薄壁封头在该区域容易起皱。位于上冲模底部的毛坯材料，在没有与上冲模接触贴合之前，其受力情况基本上与下冲环与上冲模间隙材料处相同，使该处毛坯材料被拉薄。当该处与上冲模接触贴合后，在压边摩擦力和冲压力的作用下，该处只有少量的拉伸变形了。

影响封头壁厚变化的因素主要有：

1）材料的性能，如铝制封头的变薄量比碳素钢封头大得多；

2）封头的形状，球形封头的变薄量比椭圆形封头大；

3）下冲模圆角半径越大，变薄量越小；

4）上下冲模之间的间隙小，则变薄严重；

5）润滑情况好，则减薄小；

6）加热温度越高，变薄量大；

7）压力过大，则变薄严重。

因此，要控制热压封头的减薄量，必须全面考虑上述各因素。不同零件、材质的封头成形工艺减薄量见表 10-3。

表 10-3　封头成形工艺减薄量

零件名称	材　质	成形温度 / 脱胎温度	工艺减薄量
椭圆封头	碳钢 低合金钢 Cr-Mo 钢	950~1100℃ 750~800℃	(4%~8%)S
	铝合金	—	(12%~15%)S
球形封头	碳钢 低合金钢 Cr-Mo 钢	950~1100℃ 750~800℃	(12%~14%)S

注：S 为封头坯料厚。

从上述应力分析可知，压制时如果不用压边圈，而封头毛坯壁厚又较薄，则材料在切向压应力的作用下，会失去稳定，形成皱纹和鼓包，严重时会造成废品。采用压边圈不仅增加了材料的稳定性，而且在由压边圈产生的摩擦力的作用下增加了径向应力，从而使材料有较好的变形条件。所以，确定在什么情况下需要采用压边圈是关系到封头质量好坏的重要因素。一般来说，当满足式（10-9）时，便需要采用压边圈。

$$\frac{S}{D_0} \times 100 \leqslant 4.5(1-K) \tag{10-9}$$

式中　D_0——封头毛坯直径；

　　　S——封头毛坯厚度；

　　　K——材料拉伸系数，通常可取 0.75~0.8。

压制时，影响封头皱褶、鼓包的因素很多，主要有以下几方面：

1）毛坯直径的大小及其壁厚；

2）加热温度的高低；

3）毛坯加热的均匀性；

4）封头材料在成形温度下的塑性；

5）毛坯是否有拼接焊缝以及拼焊错边的大小；

6）模具间隙的大小以及间隙的均匀性；

7）下冲环圆角半径的大小以及模具表面状况和润滑情况；

8）封头的形状。

因此，在实际生产中，往往需要根据具体情况确定需要采用压边圈的范围。根据国内某些厂的实践经验，对于椭圆形热压封头的压边范围为：

$$D_0 - d_i \geqslant 20S \tag{10-10}$$

式中　D_0——封头毛坯直径；

　　　d_i——封头内径；

　　　S——封头壁厚。

具体地说：

当 $D_0 = 400 \sim 1200$mm 时，上述条件为 $D_0 - d_i > 20S$；

当 $D_0 = 1400 \sim 1900$mm 时，上述条件为 $D_0 - d_i > 19S$；

当 $D_0 = 2000 \sim 4000$mm 时，上述条件为 $D_0 - d_i > 18S$。

对于球形封头，压边范围为：

$$D_0 - d_i \geqslant 16S \tag{10-11}$$

对于平封头，压边范围内：

$$D_0 - d_i \geqslant 22S \tag{10-12}$$

压力容器封头的冲压通常是在水压机上进行，这种水压机一般吨位在 300 ~ 8000t 之间。水压机的传动方式一般采用高压水泵—蓄势器方式，即由高压水泵产生的高压水送入多个蓄势器中储存，水压机工作时，由蓄势器供给高压水。

B　瓦片（筒体）冲压

小直径筒节当其壁厚不小于40mm，尤其是低合金钢制筒节，采用普通卷制成形工艺较困难，通常采用瓦片冲压成形工艺。

瓦片坯料按圆弧中性层半径展开，加上工艺直边量（约1.5~2倍板厚，理论直边量见表10-4）。

表 10-4　平板卷板机的理论剩余直边　　　　　　　　　　　　　　　（mm）

设备		卷　板　机			压力机
弯曲形式		对　称	不对称弯曲		模具压弯
剩余直边	冷卷时	$L/2$	$(1.5 \sim 2.0)t$	$(1 \sim 2)t$	$1.0t$
	热卷时	$L/2$	$(1.3 \sim 1.5)t$	$(0.75 \sim 1)t$	$0.5t$

注：L—两下辊的中心距；t—板厚。

坯料加热可参照封头坯料加热要求进行加热，也可直接按正火温度加热，当需要冲压后正火时，先用内卡样板检验内径合格，然后焊好拉筋后热处理，成形好的瓦片经二次划线、气割，再进行纵向坡口加工。

瓦片冲压成形的筒节，在组焊纵缝时易产生下塌变形而使圆度超差，除了焊前采取防变形措施外，较好的办法是在压机上修正，即利用压机加压使冲头在热态下强制通过筒节内部，而得以整形。此项工艺要求水压机要有足够的开启高度，另外，焊缝也需预先经无损检测合格。

对厚度较小，塑性好的材料，筒体也可以采用卷制成形，图10-6为某电站锅炉生产企业的四辊重型液压卷板机，可实现尺寸为 40mm×8000mm 冷卷成形和尺寸为 70mm×8000mm 热卷成形。

图 10-6 四辊重型液压卷板机

卷板前应清理卷板机和钢板，保证卷板机辊子没有焊渣及其他杂物，被卷钢板上无杂物；卷板时钢板必须放正，保证两侧与滚轴轴线垂直，并注意坡口方向，不得出现歪斜量。环向棱角度 $E \leq \delta_n/10 + 2mm$（δ_n 为所用钢板厚度），错边量不大于 $\delta_n/4$，筒体椭圆度不得超过筒体直径的 1%，定位焊缝长度为 50~80mm，间距不大于 100mm。

10.3.2.4 焊接坡口加工

压力容器承压壳体上的所有 A、B 类焊缝均为全焊透焊缝，焊后都要进行无损检测。为保证焊缝质量，坡口的制备显得十分重要。坡口形式由焊接工艺确定，而坡口的尺寸精度、表面粗糙度及清洁度取决于加工方法。筒体纵缝通常可采取刨边、铣边，车削加工、火焰切割等工艺手段来制备。壳壁开孔可采用气割、车削、镗、钻等方法。

采用刨边（或铣边）加工坡口的方式，在我国压力容器行业十分普遍。刨边机加工坡口与金属切削加工一样，刨边机长度一般为 3~15mm，加工厚度 60~120mm。工件可采用气动、液压、螺旋压紧及电动压紧等方式夹持固定。

对大型厚壁、合金钢容器，其环缝坡口可在立式车床上加工完成，其优点是对各类坡口形式都适宜、钝边直径尺寸精度高、钝边加工直径容易控制、能保证环缝装配组对准确。封头环缝及顶部中心开孔的坡口也可在立式车床上加工。BXQ2 大型龙门刨床如图 10-7 所示。

图 10-7 6000mm×3150mm BXQ2 大型龙门刨床

某企业加工出的筒体、纵/环缝和管接头坡口如图 10-8 所示。

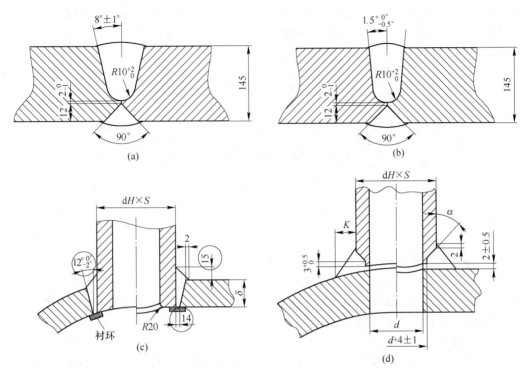

图 10-8　电站锅炉中常见坡口

（a）筒体常规纵/环缝坡口图；（b）汽包环缝窄间隙坡口图；（c）汽包下降管坡口图；（d）汽包中 φ108mm 以上大管接头坡口图

10.3.2.5　组装

筒体的制造过程中，至少有一条纵缝是在卷成形后组焊的，纵缝的组装没有积累误差，组装质量较易控制，但筒节的板料预弯（冲压）质量不佳会造成纵缝棱角度超差（见图 10-9）。这时靠组装过程来控制是无能为力，而只能在筒节纵缝焊后校圆工序中予以修正。

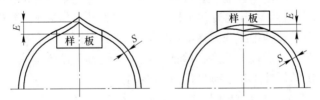

图 10-9　棱角度

（棱角度 E 应不大于（$S/10+2$）且不大于 5mm）

组装时，相邻筒节纵缝距离应不小于 100mm，不得出现十字焊缝，筒体直线度为筒体长度的千分之一；筒体上最小筒节一般与封头对接；筒体二次校圆时椭圆度应不大于筒体直径的 1%，用锤击打找圆时要加防护板，不允许出现吹痕。

环焊缝的组装比纵焊缝困难。一方面由于制造误差，每个筒节和封头的圆周长度往往不同，即直径大小有偏差；另一方面，筒节和封头往往有一定的圆度误差。此外组装时还必须控制环缝的间隙，以满足容器最终的总体尺寸要求。由于环缝组装的这种复杂性，一般需要借助机械化组装设备。图 10-10 是实习企业目前常用的筒节环焊缝组装设备，小车式滚轮座可以上下、前后活动，可调节到合适的位置，以便与置于固定滚轮座上的筒节组对，然后用几块长条预焊搭板焊上（搭板的数量应尽量少）。组对中，可用螺栓撑圆器、间隙调节器、筒式万能夹具和单缸油压顶圆器等辅助工具和有关量具来矫正、对中、对齐。

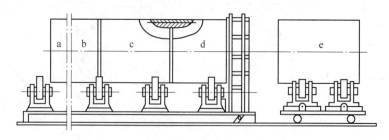

图 10-10   筒节环焊缝的组对

10.3.2.6   焊接

A   焊工资格确定

压力容器是工业生产和人民生活中广泛使用的承压设备，其安全可靠性对于保障人身安全，加快现代化建设有着重要的意义，钢制压力容器的焊接质量是至关重要的。而压力容器施焊焊工的责任心和操作技能直接影响到焊接质量。认真做好焊工培训和考试，对提高焊工素质，保证压力容器焊接质量显得十分重要。

现行法规要求焊接压力容器的焊工必须按照《锅炉压力容器压力管道焊工考试与管理规则》进行考试，取得焊工合格证后，才能在有效期内担任合格项目范围内的焊接工作。

B   焊接工艺评定

焊接是制造压力容器的重要工艺，焊接质量在很大程度上决定了容器的制造质量。焊接工艺评定是压力容器焊接质量保证中不可缺少的重要环节之一。

（1）焊接工艺评定的判断准则：

1）焊制压力容器是由母材和焊接接头构成的，焊接接头的使用性能从根本上决定了压力容器的质量。焊接工艺能否保证压力容器焊接接头的使用性能，则需要在试件上进行验证。因此，焊接接头的使用性能是验证所拟定的焊接工艺正确性的判断准则。

2）要求截面全焊透的 T 形接头和角接接头（如人孔、接管），当难以检测焊缝内部缺陷，而企业又没有足够的把握确保焊透时，则需要靠焊接工艺和焊工技能来保证，此时需要在形式试件上对所拟焊接工艺进行验证性试验。经解剖试验确认，此时焊接接头是否全焊透是验证所拟定的焊接工艺正确性的判断准则。

3）耐蚀堆焊工艺能否保证堆焊层的化学成分符合规定，也需要在试件上进行验证。因而，堆焊层的化学成分是验证所拟定的焊接工艺正确性的判断准则。

（2）焊接工艺评定的主要程序：

1）拟定焊接工艺指导书（WPS）。由焊接工艺师按照工艺评定规则和要求编制，其中必须列出所有需要评定的重要因素及补加因素，对于次要因素也应尽可能详细地列出，特别是对评定试板焊接质量有较大影响的次要因素。

2）评定试板的焊接接头检验与测试。在工艺评定责任工程师的指导下，由本单位熟练的持证焊工按照焊接工艺指导书规定的工艺参数进行焊接，并对试板焊接过程进行监控、实测与记录。所用的焊接设备、仪表、仪器以及参数调节装置必须是经定期校验合格的。

在对评定试板进行无损检测后作评定试板的力学性能、冷弯及冲击试验，当试验结果全部合格后，即可编写《焊接工艺评定报告》（PQR），焊接工艺评定报告是一种必须由企业管理者代表批准的重要质保文件，也是技术监督部门和用户代表审核企业质保能力的主要依据之一。

3）由焊接工艺师根据《焊接工艺评定报告》（PQR）并结合实际经验制定出正式的《焊接工艺规程》（WPS）作为焊接生产的依据。

（3）焊接工艺评定过程所遵循的原则：

1）焊接工艺评定应以可靠的钢材焊接性能为依据，这就要求企业必须拥有具有相当经验的焊接专业技术人员，以他们的经验和专业知识，并通过调研、查找资料、咨询等方式获取钢材的焊接性能资料，当然也可以进行必要的试验来获取。可靠的焊接性能信息是拟定焊接工艺指导书的必要前提。

2）焊接工艺评定工作应在产品焊接之前完成，因为焊接工艺评定是为验证所拟定的焊接工艺的正确性而进行的，同时也是对施焊单位的焊接质量保证能力的评定技术储备的标志之一。

3）焊接工艺评定工作必须在施焊单位进行，其中强调由本单位的技能熟练的焊接人员，使用本单位的焊接设备进行施焊，通过评定试验来验证本单位所拟定的焊接工艺指导书。由此可见，焊接工艺评定是不允许"借用"、"输入"或"交换"。

C　焊接工艺规程

焊接工艺规程是压力容器制造单位必须自行编制的重要工艺文件。工艺规程必须已经过焊接工艺评定验证其正确性和合理性。因此，编制焊接工艺规程的主要依据是相对应的焊接工艺评定报告。焊接工艺规程可用来指导焊工和焊接操作者施焊产品接头，以保证焊缝的质量符合规范的要求。一份完整的焊接工艺规程，应当列出为完成符合质量要求的焊缝所必需的全部焊接工艺参数，除了规定直接影响焊缝力学性能的重要工艺参数以外，也应规定可能影响焊缝质量和外形的次要工艺参数。具体项目包括：焊接方法、母材、厚度、焊接材料、预热和后热温度、热处理方法和制度、焊接工艺参数、接头形式及坡口形式、操作技术和焊后检查方法及要求，对于厚壁焊件或形状复杂的易变形的焊件还应规定焊接顺序。

D　纵/环缝焊接

筒体纵缝焊接前必须加引弧护板，表面涂滑石粉保护。焊接设备所用焊条必须烘干保温，焊缝不得有砂眼、气孔、夹渣、弧坑、裂纹、焊瘤等缺陷；焊接完毕后打磨表面熔渣和飞溅物，用大锤击打找圆时必须加护板，保证锤痕深度不大于 0.5mm；奥氏体不锈钢制造的容器以及焊缝系数为 1 的容器不允许咬边，碳钢材质的焊缝表面深度不大于 0.5mm，咬边连读长度不大于 100mm，焊缝两侧咬边的总长度不大于该焊缝长度的 10%；角焊缝应圆滑过渡至母材，焊缝余高不大于 1.5mm。

10.3.2.7　压力试验和致密性试验

A　压力试验

压力容器在其部件或整体制造完成后，都要进行压力试验。大多数压力容器的耐压试验是在所有制造工序完成后进行的，所以又称竣工试压。而有些容器则需要分阶段对其零部件分别试压，如夹套容器，先对内筒进行耐压试验，合格后再装焊夹套，然后进行夹套内的耐压试验。压力试验的目的是检验容器强度和密封性能，它也是压力容器设计、材料、制造质量的综合性检验，因此十分重要。

（1）液压试验试压前的准备：

1）容器上的接管开孔补强圈应预先以 0.5MPa 压缩空气进行检漏，当容器的试验压力较高时，可用氮气、氧气来提高检漏压力。

2）容器如卧置试压时，应考虑注水后不致失稳而变形，应使容器略有倾斜，以利于注水时排尽空气、试压后排尽残液。

3）试压介质通常用水，为保证水温，通常需要先将水加热，为防止低温脆性破坏，对于碳素钢、16MnR 和正火的 15MnVR 钢制容器，水温不得低于 5℃；其他低合金钢容器，水温不得低于 15℃。当材料的无延性转变温度（NDT）升高时，水温可取 NDT+16℃。

4）压力表按《一般压力表》（GB 1226—2010）选 Ⅰ 型，直径 100mm、150mm，精度 1.5 级，至少选用两个规格、精度、量程相同且经校验合格的压力表。量程为试验压力的两倍左右，但不应低于 1.5 倍和高于 4 倍的试验压力。压力表上的接头螺纹不能密封。

5）奥氏体不锈钢容器试压用水的氯离子（Cl^-）含量应控制在 25mg/L 以下。

（2）液压试验试验压力。耐压试验的压力应符合设计图样要求，且不小于式（10-13）的计算值：

$$p_T = \eta p \frac{[\sigma]}{[\sigma]^t} \tag{10-13}$$

式中　p——压力容器的设计压力（对在用压力容器一般为最高工作压力，或压力容器铭牌上规定的最大允许工作压力），MPa；

　　　p_T——耐压试验压力，MPa；

　　　η——耐压试验压力系数，按表 10-5 选用；

　　$[\sigma]$——试验温度下材料的许用应力，MPa；

　　$[\sigma]^t$——设计温度下材料的许用应力，MPa。

表 10-5　耐压试验的压力系数 η

压力容器形式	压力容器的材料	压力等级	耐压试验压力系数	
			液（水）压	气压
固定式	钢和有色金属	低压	1.25	1.15
		中压	1.25	1.15
		高压	1.25	—
	铸铁	—	2.00	—
	搪玻璃	—	1.25	1.15
移动式	—	中、低压	1.50	1.15

（3）试验过程：

1）注水时排气口溢出水，表明水已注满，可将出气口及注水口封死，压力表通常应装于容器上部或便于观测的位置。

2）试验压力应缓慢上升，达到试验压力后，保压时间一般不少于 30min。然后降至规定试验压力的 80%，并保持足够长的时间，以便对所有焊接接头和连接部位进行检查。

3）液压试验完毕后，应排尽所有液体并用压缩空气将内部吹干，当容器内部的干燥度有特殊要求时，也可采用如鼓入热风，或整体入炉，利用加热炉余热烘干。

（4）试验结论。液压试验后的压力容器，符合下列条件为合格：

1）无渗漏。

2）无可见变形。

3）试验过程中无异常的响声。

对抗拉强度大于 540MPa 的材料，表面经 MT 未发现裂纹。

B　致密性试验

介质毒性程度为极度，高度危害或设计上不允许有微量泄漏的压力容器，必须进行气密性试验。试验时，容器需经水压试验合格后方可进行气密性试验。

水压试验时，除安全阀（或爆破片）外的安全附件应安装齐全。水压试验后，所有附件和盲板应拆下来，密封面应擦拭干净并经干燥后再装上才能进行气密性试验；气密性试验压力为设计压力，气密性试验时，压力应缓慢上升，达到规定试验压力后保压 10min，然后降至设计压力，对所有焊缝和连接部位进行泄漏检查。小型容器亦可浸入水中检查。如有泄漏，修补后重新进行液压试验和气密性试验。水压试验机如图 10-11 所示。

图 10-11　水压试验机
（最大输出压力可达 75MPa）

因工艺需要，在制造过程中需对第一层（打底）焊缝进行检漏试验，其试验压力较低，通常采用 0.7MPa 压缩空气加入少量氨（如不锈钢衬里的焊缝检漏）。又如换热器管板与管头连接接头焊后的气密性检漏，通常采用 0.5MPa 压缩空气，在角焊缝处涂刷肥皂水测试。如管口是"强度胀 + 密封焊"时，可焊后先检漏，然后胀接、试水压，如管口为"强度焊 + 贴胀"，可先检漏，再试水压，最后贴胀。

10.3.2.8　表面处理

压力容器产品竣工后需对其进行总体涂装。除不锈钢及有色金属外，绝大多数碳素钢、低合金钢制压力容器，出厂前均需进行油漆。如图 10-12 所示为产品的油包。

图 10-12　产品的油包

在油漆完工后，在发运之前，还需进行包装。

10.4　典型焊接工艺

10.4.1　汽包焊接

汽包为火电锅炉完成汽水分离的重要部件，汽包制造能力也是评价一个锅炉厂制造水平的指标。汽包制造工艺难度大，使用的设备较多，工序复杂而且多。

汽包主要零件：筒身、封头、下降管、安全阀管座、给水管、大管接头、排污管、加药管、吊耳及其他附件。

汽包的总装工艺：下降管接头焊接—探伤—筒身与封头环缝焊接—探伤—装配管接头及附件—探伤—焊后热处理—水压试验—油包出厂。图10-13和图10-14分别为汽包半成品和成品图。

图10-13　汽包半成品

10.4.1.1　汽包材质

汽包是锅炉中主要的部件，高温条件下需要有很高的屈服强度，因此对其选材要求高，分为：

（1）碳钢类，如20g、SA515Gr.60、P265GH等；

（2）碳锰钢类，如16Mng，P355GH、SA299；

（3）低合金钢类，如13MnNiMoNbg、BHW35、13MnNiMo54、DIWA353、WB36、DIWA373、15NiCuMoNb5（含碳量略高于BHW35，Ni、Mo含量高，Mn含量低，强度高）。

某锅炉制造企业汽包筒体和封头常用材料为BHW35和P355GH，厚度为60～145mm。BHW35是一种高温用可焊钢，该钢具有在高温下屈服强度高的特点；P355GH是一种低合金结构钢，可焊性较好，供货态为正火+回火。BHW35和P355GH的化学成分和力学性能见表10-6和表10-7。

图10-14　汽包实物图（成品）

表 10-6 汽包材料化学成分 (%)

牌号	$w(C)$	$w(Si)$	$w(Mn)$	$w(P)$	$w(S)$	$w(Ni)$	$w(Mo)$	$w(Cr)$	$w(Nb)$
BHW35	≤0.15	0.1/0.5	1.00/1.60	≤0.025	≤0.025	0.6/1.0	0.2/0.4	0.2/0.4	0.005/0.02
P355GH	0.10/0.22	≤0.60	1.00/1.70	≤0.025	≤0.015	≤0.30	≤0.08	≤0.30	≤0.01

注：P355GH，$w(Cu)$ ≤0.30、$w(Ti)$ ≤0.03、$w(V)$ ≤0.03，Cr、Cu、Mo、Ni 总含量不大于 0.7。

表 10-7 汽包材料力学性能

牌号	σ_s/MPa	σ_b/MPa	A_{kV}/J	$\delta/\%$
BHW35	≥390	570~740	≥39	≥18
P355GH	≥335	510~650	≥34	≥20

10.4.1.2 坡口设计

由于汽包结构中焊缝分布复杂，而焊缝质量要求高，为保证焊透，其坡口设计显得尤为重要。企业结合多年经验，从节约填充材料和减小热输入出发，改进了常规坡口结构。

（1）纵、环缝坡口设计优化（见图 10-15）。

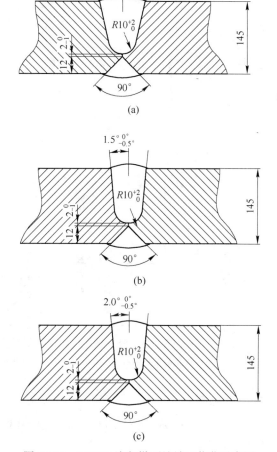

图 10-15 300MW 汽包纵环缝坡口优化示意图

（a）常规坡口；（b）环缝窄间隙坡口；（c）纵缝窄间隙坡口

窄间隙坡口的坡口加工量和填充量都减小，大大提高了生产效率，但焊接时焊条或焊丝的要求较高。

（2）下降管坡口设计优化（见图 10-16）。

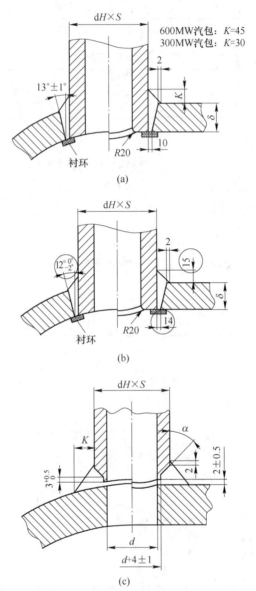

图 10-16　300MW 汽包下降管坡口优化示意图

（a）常规坡口；（b）优化后坡口；（c）φ108mm 以上大管接头坡口

10.4.1.3　焊接方法及焊接材料

汽包制造过程中，常用的焊接方法及焊接材料见表 10-8（母材为 $\delta = 145$mm 的 BHW35）。

焊条电弧焊时，使用 $\phi = 4.0$mm 的 J607NiR 打底，$\phi = 5.0$mm J557R 或 J507R 盖面；焊后需在 250~350℃消氢处理，保温 3~4h。

表 10-8　常用的焊接方法及焊接材料

序号	焊接方法	焊接材料
1	焊条电弧焊	J607NiR、J557R、J507R
2	钨极氩弧焊	H05MnSiAlTiZrA
3	电渣焊	H10Mn2NiMoA/H08Mn2MoA+HJ431
4	常规自动埋弧焊	H10Mn2NiMoA+HJ350
5	窄间隙埋弧焊	H10Mn2NiMoA+SJ101
6	大马鞍埋弧自动焊	H08Mn2MoA+HJ330
7	小马鞍埋弧自动焊	H10Mn2+SJ101

埋弧焊焊缝外部第一道用 $\phi=5mm$ 的 H10Mn2NiMo 焊丝配 HJ350 焊剂，电流 $I=700A$，熔深可达到 $8\sim10mm$；当焊缝深度超过 24mm 以后需要排三道以上，以保证焊缝质量。窄间隙 U 型坡口一般用 $\phi=5mm$ 的 H10Mn2NiMo 焊丝配 SJ101 焊剂。

焊接时，焊缝内部需预热温度 $150\sim200℃$，焊后筒节需在 $630\sim650℃$ 下，保温 $3.5\sim4h$ 进行回火以恢复性能。

其需热处理部件和锅筒焊后热处理工艺分别如图 10-17 和图 10-18 所示。

热处理零件明细表 HEAT TREATMENT PARTLIST		车间 SHOP	201	编号 HTL NO.	135N01HTL	1/1	版号 REV No.	A	第1页 共1页 PAGE OF
产品工号 PROD. No.		产品名称 PROD. NAME		部件名称 COMP. PART		锅筒		部件图号 COMP. No.	135N01MX
零件图号 PART No.	零件名称 PART NAME	数量 QT'Y	规格 SIZE	材料牌号 MATERIAL		工序 OPERATION		工艺卡编号 HTI.No.	版本 REV.
135N01-0	锅筒	1	φ2090×145	13MnNiMo5-4		焊后热处理		NC-201-R-006	
135N01-0	筒身 φ2090×145	1	δ145	13MnNiMo5-4		正火**		NC-201-R-004	
						回火*		NC-201-R-005	
135N01-1-1	锅筒左封头	1	δ145	13MnNiMo5-4		正火**		NC-201-R-004	
						回火		NC-201-R-005	
135N01-2-1	锅筒右封头	1	δ145	13MnNiMo5-4		正火**		NC-201-R-004	
						回火		NC-201-R-005	
115N01-3	下降管管接头	4	φ711×111	13MnNiMo5-4		正火**		NC-201-R-004	
						回火		NC-201-R-005	

图 10-17　需热处理零件明细表

10.4.1.4　车间布置

根据汽包生产工艺流程设计的汽包生产车间布置如图 10-19 所示。加热炉用于冲压或卷制部件和电渣焊接头的退火和正火，气割场地用于下料和划线，车床和刨床用于坡口加工。

10.4.1.5　焊接重点设备及特点

（1）伊莎窄间隙埋弧焊机（见图 10-20）。配备带极堆焊头、500t 防窜动焊接滚轮架，最大焊接厚度 350mm，焊接宽度 $18\sim24mm$，最小堆焊内径 850mm。用于各类厚壁容器、600MW 锅炉汽包、1000MW 核电产品、石油化工容器制造。

114

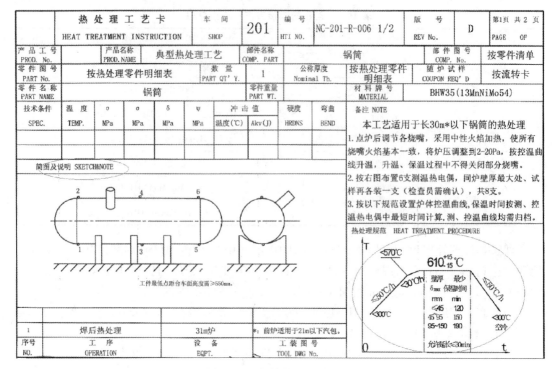

图 10-18　锅筒热处理工艺卡

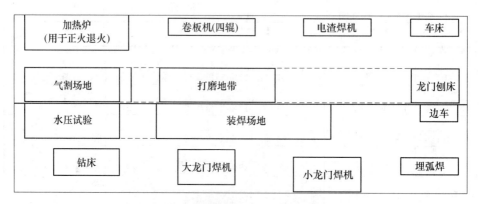

图 10-19　汽包生产车间布置图

图 10-20　伊莎窄间隙埋弧焊机

主要性能参数：

1）焊接电源及送丝机构。额定电流为800A（许用负荷100%）调整范围150A/17V～800A/44V，焊丝数量为2，串联布置，直径ϕ3～4mm，送丝速度0.2～4m/min。

2）焊接操作机。预设焊接参数精度为不大于3%，坡口不小于1°，可焊接工件最大厚度350mm，横向跟踪精度不大于±0.25mm，高度跟踪精度不大于±0.5mm，焊枪转角范围±3.5°，可连续不间断工作，纵向微调范围300mm，横向微调范围300mm，悬臂垂直有效行程8000mm，有效伸缩范围6000mm，伸缩速度范围0.1～2m/min，端部最大载荷800kg。

3）防窜动滚轮架。承载500t，适用直径范围ϕ1000～6000mm，转运速度0.12m/min（无级调速），精度不大于±2mm。

4）焊剂回收装置。采用负压式焊剂回收装置，能自动回收焊缝表面焊剂，能将回收的焊剂中的渣壳及极细的焊剂颗粒去除，能对焊剂进行加热及保温，以去除其中吸附的水分。

5）变位器。承载为100t，角度±45°。焊接电流180A，焊接电压10.5V，管子转速1.06，线速度100mm/min，热丝电压2.5V。

（2）马鞍埋弧自动焊。锅炉锅筒上往往布置有4～6根直径为ϕ508～711mm下降管和200个直径为ϕ108～168mm的蒸汽连接管和汽水连接管。焊接工作量相当大，采用手工焊接的劳动强度大、周期长、焊接质量得不到保证。采用各种马鞍埋弧自动焊工艺，大大提高了效率、焊接质量和工人劳动强度。大马鞍埋弧自动焊焊接设备用于焊接锅炉汽包下降管，小马鞍埋弧自动焊焊接设备主要用于焊接锅炉汽包ϕ108mm以上管座。目前该方法已广泛用于锅炉汽包管座焊接，彻底解决锅炉汽包和容器上插入式或骑座式等大小管座焊接问题。马鞍埋弧自动焊如图10-21所示。

图10-21 马鞍埋弧自动焊

（3）窄间隙热丝TIG。热丝TIG焊是一种高效、低耗、优质的焊接工艺方法，它在普通TIG焊的基础上增加了焊丝加热系统，即通过独立的焊丝加热电源和加热装置对焊丝进行加热，使得焊丝在被送入熔池前加热到300～500℃。与传统焊接工艺方法相比，因熔敷率高、热影响区小，其焊接接头具有更小的焊接变形、更低的残余应力、更高的韧性和抗腐蚀性能。图10-22为集箱环缝上的先进窄间隙热丝TIG焊。

图 10-22　集箱环缝上的先进窄间隙热丝 TIG 焊

（4）大型热处理炉（见图 10-23）：

设备名称：4.5m×32m×5m 燃天然气分段台车式热处理炉。

炉膛尺寸：前炉 24m×5m×5m，全炉 32m×5m×5m。

炉膛温度：前炉 1100℃，全炉 950℃。

最大装载量：前炉 300t，全炉 400t。

图 10-23　大型热处理炉

10.4.1.6　焊接工艺说明书（WI）

汽包中下降管详细的焊接工艺说明书如图 10-24 所示。

10.4.2　管子焊接

电站锅炉深度一般在 80m 左右，宽度方向有 50 多米；水冷壁布置在四周组成炉膛、蛇形管布置在炉膛和烟道内。图 10-25 为某电站锅炉管子焊接结构实物图。

水冷壁的作用是将锅炉给水在炉膛热辐射的作用下，完成加热和汽化过程，形成汽水混合物，一般温度在 360℃ 左右；蛇形管指的是过热器及再热器部件（主要有低温过热器、低温再热器、高温过热器、高温再热器等部件），作用是将锅炉饱和蒸汽加热到额定温度和压力，高温过热器的蒸汽温度可达到 600℃，外壁温度可能超过 700℃。高温再热器焊口如图 10-26 所示，300MW 机组水冷壁包墙管排焊接如图 10-27 所示。

焊 接 工 艺 说 明 书 WELDING INSTRUCTION (WI)				第 1 页 共 11 页 PAGE OF 版本号REV. No. **A**		
说明书名称 Name Of WI		下降管与筒身角焊缝		车间 Shop		201
部件图号 Drawing No. of Parts	135N01MX	WI编号 WI No.		135N01WI-C01		
流程图编号 PFC No.	135N01PFC	WPS编号 WPS No.		SMAW-SAW-Fe33.Fe33-11508		
被采用的焊缝代号 Weld's No.	A	WPS版本号 WPS REV. No.		0		
焊接方法 Weld Process (es)	手工电弧焊+马鞍埋弧焊		焊接位置 Position		1G+2F	
母材牌号 Base Material	13MnNiMo5-4	+		13MnNiMo5-4		
规格 Specification (mm)	φ711×111	+		φ2090×145		
接头及坡口型式 Joint & Groove Design			角接			

工艺要求 Procedure Requirement		接头形式 Joint Design
预热温度 Preheat Temperature (℃)	≥150℃	见设计图See the Drawing
层间温度 Inter Base Temperature (℃)	≤350℃	
后热温度及时间 Postheat Temperature (℃/h)	300-400/4-5h	
焊缝外形要求 Weld Shape Requirement	要求	
坡口加工方法及清理 Groove Prepare	机加工，去油污	
清根方法 Backing Gouging	碳弧气刨，修磨	

有关的工艺顺序 Sequence Concerned	备注 Remarks
1. 清理并预热； 2. 外侧手工焊φ4.0打底、φ5.0过渡，马鞍埋弧焊焊完； 3. 内侧清根后，手工电弧焊φ5.0、φ4.0焊完； 4. 清理和自检。	注：手工电弧焊φ4.0焊条补焊凹坑。

焊接方法 Weld Process	焊材牌号 Filler Material	焊材规格 Size (mm)	焊接电流 Weld Current (A)	焊接电压 Weld Volt (V)	焊接速度 Weld Speed (m/h)	备注 Remarks
手工电弧焊	CHE607NiR	φ4.0	140-200	24-35	/	
手工电弧焊	CHE607NiR	φ5.0	200-260	24-35	/	
马鞍埋弧焊	H08Mn2MoA+HJ330	φ3.0	300-450	28-36	18-35	

焊后热处理 PWHT Requirement				有	

无 损 探 伤 NDE Requirement							
UT (%)	按工艺	RT (%)	不要求	MT (%)	按工艺	PT (%)	不要求

焊接质量检查点 Weld Quanlity Examination Point			
焊工资格 Qualified Welder	要求	焊材烘干及清理 Dried Electrode	要求
焊材牌号及规格 Filler Material	要求	坡口处MT或PT Groove MT or PT	MT
预热温度 Preheat Temp.	要求	装配尺寸 Fit-up Dimension	要求
坡口清理 Initial Cleaning	要求	焊接规范 Welding Parameter	要求
反面清根后检查 Post-Gouging Examination	要求	层间温度 Inter Pass Temp.	要求
焊缝表面质量 Surface Quality	要求	焊工钢印 Welders Stamp	要求
焊缝MT或PT Weld MT or PT	MT	焊缝UT或RT Weld UT or RT	UT
焊缝硬度控制 Welds Hardness	不要求		
后热温度及时间 Postheat Maintenance Temperature and Maintence Time			要求

图 10-24 下降管详细的焊接工艺说明书

图 10-25 某电站锅炉管子焊接结构实物图

图 10-26 高温再热器焊口

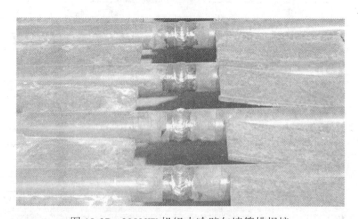

图 10-27 300MW 机组水冷壁包墙管排焊接

10.4.2.1 管子材料

蛇形管、水冷壁均为锅炉中一部件，其特点是管径小、工作温度梯度大、蒸汽压力大，因而管子材质也较复杂。蛇形管材质有碳钢、低合金钢、高合金钢（T91）、不锈钢；水冷壁管材质主要有碳钢、低合金钢、高合金钢（T91）。常用管子材料及性能见表10-9。蛇形管、水冷壁在制造中有许多共同点（如管子对接、弯管、附件焊接），但也有许多不同的地方。

表 10-9　管子常用材料及性能

类别	典型钢种	力 学 性 能		
		σ_b/MPa	σ_s/MPa	δ/%
碳钢/碳锰钢	SA-210C	≥485	≥275	≥30
1Cr-0.5Mo 珠光体耐热钢	SA-213M T12	≥220	≥415	≥22
	15CrMoG	≥235	440~640	≥21
	SA-213 T22	≥255	470~640	≥21
2.25Cr-1Mo 铁素体耐热钢	SA-213 T22	≥205	≥415	≥30
P91 耐热钢	10Cr9Mo1VNb	≥415	≥585	≥20
不锈钢	SUPER304H	≥205	≥550	≥35

10.4.2.2 工艺流程

蛇形管制造工艺流程：管子—领料—选管—切管—倒角—磨光—机械焊—RT检查—放样—弯管—校正—挤压—手工氩弧焊—RT检查—不锈钢弯头固溶处理—配管—放总样—装配—光谱检查—焊妥—成排校正—打磨探伤面—MT或PT—热处理—划余量线—加工管端坡口—水压—通球（见图10-28），与工艺匹配的车间布置简图如图10-29所示。

图 10-28　蛇形管工艺流程

水冷壁的制造工艺流程：装点手工焊管组元件—焊妥手工焊管组元件—通球—装点自动焊管组元件—焊妥自动焊管组元件—通球—装点次大屏—自动（手工）焊焊妥—装焊成排弯辅助管—成排弯—装点大屏—手工焊焊妥—划管屏插入管开孔线—气割—加工坡口

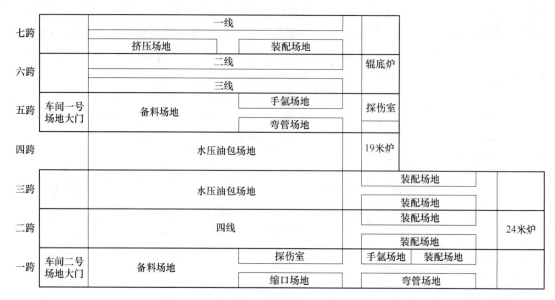

图 10-29 蛇形管车间布置

—装点插入管—焊妥（氩+电）—RT 检查—装点密封板类附件—焊妥—划其余附件装配线—装点其余附件—焊妥—划销钉装配位置线—焊销钉（销钉焊或焊条电弧焊）—MT 检查—划边缘扁钢气割线—气割—校正—划管屏两端余量线—气割—倒角—通球—水压—通海绵球—油包。

10.4.2.3 焊接方法

（1）管子对接焊缝。蛇形管管子对接焊缝焊接方法主要有：热丝 TIG 焊、手工氩弧焊、手工氩弧焊+焊条电弧焊。

水冷壁管子对接焊缝焊接方法主要有：热丝 TIG 焊、手工氩弧焊、手工氩弧焊+焊条电弧焊。

（2）管子与附件的角接焊缝。蛇形管管子与附件角焊缝焊接方法主要有：焊条电弧焊。

水冷壁管子与附件角焊缝焊接方法主要有：焊条电弧焊、半自动混合气体保护焊、混合气体保护焊。

10.4.2.4 焊接材料

蛇形管、水冷壁管子焊接中常用焊接方法和焊接材料见表 10-10～表 10-13。

表 10-10 管子对接焊接方法及焊接材料

典型钢种	焊 接 方 法	焊 接 材 料
20 20G SA-210C	GTAW/TIG	H08Mn2SiA
	GTAW（打底）+SMAW（盖面）	H05MnSiAlTiZrA+J507R
SA-213MT12	热丝 TIG	JGS-1CM
15CrMoG	TIG（打底）+SMAW（盖面）	JGS-1CM +R307R
12Cr1MoVG	GTAW/TIG	H08CrMoVA
	GTAW（打底）+SMAW（盖面）	H05CrMoVTiReA+CHH317

续表 10-10

典型钢种	焊接方法	焊接材料
SA-213T22	热丝 TIG TIG（打底）+SMAW（盖面）	H08CrMoVA H05CrMoVTiReA +R317R
SA-213T22	热丝 TIG TIG（打底）+SMAW（盖面）	JGS-2CM JGS-2CM +R407R
10Cr9Mo1VNb	SMAW TIG MIG	CHROMO 9V TGS-9Cb（MTS3） MGS-9Cb（MTS3）
SUPER304H	TIG	YT-304H
HR3C（SUS310JITB）	SMAW TIG	Inconel 625 Inconel82

表 10-11　异种材料管子对接焊接方法及焊接材料

管子 1	管子 2	TIG/热丝 TIG
20G SA-210C	15CrMoG 12Cr1MoVG	H08Mn2SiA
15CrMoG	12Cr1MoVG	JGS-1CM
12Cr1MoVG SA-213T22	12Cr2MoWVTiB SA-213T23	H08CrMoVA
	SA-213T91	TGS-9Cb
SA-213T23 12Cr2MoWVTiB	SA-213T91	TGS-9Cb
12Cr1MoVG SA-213T22 SA-213T23 12Cr2MoWVTiB SA-213T91	SA-213TP304H SA-213TP347H	Inconel82 （ERNiCr-3）

　　管子与附件焊接中，对低等级部件（低温过热器、低温再热器、省煤器、水冷壁等）按管子侧材料选用相应焊材，对高等级部件（屏式再热器、高温过热器、高温再热器、135MW 屏式再热器等），原则上尽量选用一种焊接材料，便于焊工操作（图纸有特殊要求的除外）。

表 10-12　低等级部件管子与附件焊接方法及焊接材料

管　子	附　件	SMAW	混合气体保护焊
20G	Q235A—不锈钢	CHE42　CHE507	JM—58　CHW—50C6
SA-210C	Q235A—不锈钢	CHE507	JM—58　CHW—50C6
15CrMoG	Q235A—不锈钢	CHH307	JM—1CM
	1Cr20Ni14Si2	CHN327	—
12Cr1MoVG	Q235A—不锈钢	CHH317	H08CrMoVA
15CrMoG 12Cr1MoVG	ZG50Cr50Ni	CHN327	—

　　燃油锅炉的高温过热器等部件中某些附件由于特殊要求需用 ZG50Cr50Ni 材质才能满足。

表 10-13　高等级部件管子与附件焊接方法及焊接材料

管　子	附　件	SMAW	混合气体保护焊
12Cr1MoVG	12Cr1MoV	CHH317	H08CrMoVA
SA-213T91	SA-213T91 F91	CM-9Cb	MGS-9Cb
12Cr1MoVG SA-213T91	12Cr1MoV	CHS307	—
12Cr1MoVG T22 SA-213T91 T23 SA-213TP304H SA-213TP347H	不锈钢	CHS307	—

10.4.2.5　蛇形管、水冷壁部件主要热处理规范

　　热处理过程中用到的设备主要有辊底炉、马弗炉、履带式电加热器，其热处理规范见表 10-14。

表 10-14　蛇形管、水冷壁部件主要热处理规范

材料名称	需热处理条件		热处理规范
	壁　厚	弯　头	
20、SA-210C	$\delta>30mm$	—	$625\pm10℃/60(90)min$
SA-213T2	$\delta>10mm$	$R/D<2$	$650\pm10℃/60(90)min$
15CrMoG	$\delta>10mm$	$R/D<2$	$685\pm10℃/60(90)min$
12Cr1MoVG	$\delta>6mm$	$R/D<2$	$735\pm10℃/60(90)min$
SA-213T23	$\delta>6mm$	$R/D<2$	$725\pm10℃/60(90)min$
SA-213T22	$\delta>6mm$	$R/D<2$	$710\pm10℃/60(90)min$
12Cr2MoWVTiB(G102)	任意	$R/D<2.5$	$760\pm10℃/60(90)min$
SA-213T91	任意	$R/D<3$	$750\pm10℃/60(90)min$
SA-213TP304H	—	$R/D<2.5$	$1075\pm10℃/40min$
SA-213TP347H	—	$R/D<3.3$	$1175\pm10℃/40min$
20、SA-210C、 15CrMoG、12Cr1MoVG	—	—	$640\pm10℃/60(90)min$
15CrMoG+12Cr1MoVG	—	—	$700\pm10℃/60(90)min$
12Cr1MoVG SA-213T23 12Cr2MoWVTiB SA-213T91 SA-213TP304H SA-213TP347H	—	—	$750\pm10℃/60(90)min$

　　对管子对接接头硬度要求如下：

（1）同种钢焊接接头热处理后的焊缝硬度，一般不超过母材布氏硬度值加 100HBW，且不超过下述规定：

合金总含量小于 3%时，≤270HBW；

合金总含量 3%~10%时，≤300HBW；

合金总含量大于 10%时，≤350HBW。

（2）异种钢焊接接头硬度检验应符合如下规定：

1）对于奥氏体组织的焊缝硬度不作规定。

2）对于非奥氏体焊缝，其热处理后的硬度应同时符合以下规定（以合金含量低侧母材的成分计算合金总含量）：

不超过高合金钢侧母材布氏硬度值+100HBW；

合金总含量小于 3%时，≤270HBW；

合金总含量 3%~10%时，≤300HBW；

合金总含量大于 10%时，≤350HBW。

10.4.2.6 受热面管子焊接要求

（1）对受压元件及受压元件上的附件焊接，焊工须持有《锅炉压力容器焊工合格证》，且合格证在有效期及考试资格范围内，才能实施焊接工作；焊工须按焊接工艺规程（WPS、WI）进行施焊，并按规定在焊缝附近区域打上焊工的钢印号；所使用的焊接材料必须入厂检验合格，其烘焙按焊材使用说明书或相应的工艺文件进行；施焊现场一定要有焊接工艺规程（WPS、WI）指导施焊。

（2）管子对接焊：

1）焊接设备完好无损、工作正常，仪表检查在有效时间内。

2）焊丝表面不得有油污和铁锈。

3）焊接坡口符合标准要求，打磨并清理坡口呈金属光泽（内 10mm、外 20mm）。

4）装配焊接管子应对齐，内错边不大于 0.5mm，外错边不大于 1mm。

5）按工艺文件（WPS）的焊接电流，电弧电压等规范参数施焊。

6）焊缝表面不应有粗糙的焊波、凹槽、焊瘤、气孔、裂纹等，咬边不大于 0.5mm。

7）对接焊缝表面不得低于母材，且与母材圆滑过渡，水冷壁用管子对接焊缝，应磨平，便于管子与扁钢充分接触。

8）焊后 100% RT 检查。

（3）附件焊接（蛇行管、水冷壁）：

1）清理焊接区域的污物及油污等杂物。

2）按图纸要求进行装配和焊接。

3）焊材选用按 WPS/WI 进行，焊接规范严格按焊接工艺规程执行。对不锈钢焊材、Ni327 焊材，焊接电流按规定下限施焊，焊接时运条直行，不要摆动，在收弧处填满弧坑，以防热裂纹产生。

4）附件焊接时，不得在受压元件上引弧等。焊后按工艺文件进行检查。

（4）膜式壁管子与扁钢焊接：

1）管子对接焊缝须打磨平整，便于管子与扁钢吻合接触。

2）管子焊接面须喷丸处理，并清理焊接处污物。

3）扁钢若需对接，须焊透并打磨平整。

4）管屏焊接变形控制：

①管子与扁钢置于平台组装；

②在管屏一面进行装配点焊（20~40mm），在扁钢上交叉点焊，间距300~400mm；

③点焊完后，从管屏的端部开始焊接，焊缝长度300~400mm，间距700~800mm，一面装焊完后，进行翻面；

④在管屏另一面，从管屏端部进行满焊，方向一致，最好管子两侧对称焊；

⑤焊完后再翻面，进行满焊。

10.4.2.7　典型焊接设备及参数

（1）热丝TIG焊：

优点有效率高（比冷丝焊高2倍左右），质量稳定，合格率高。热丝TIG焊如图10-30所示。

适用范围：管子外径ϕ31.8~76.1mm；壁厚δ=3~15mm，可接管子最大长度50m。

主要使用焊丝直径为ϕ1.0mm。

焊接规范为：

焊接电流：110~220A；

电弧电压：8.5~11V；

焊接速度：4.2~8.4m/h；

送丝速度：70~600cm/min；

热丝电压：2.0~5.4V。

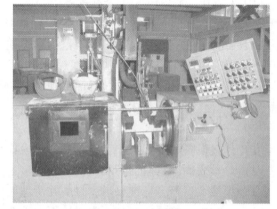

图10-30　热丝TIG焊

（2）全位置TIG焊：

优点有适应能力强（直管、弯管均可焊），质量稳定，平均电流低，焊接线能量小；与热丝TIG焊的焊接过程大体相似，主要不同有：1）管子不转动，焊枪转动；2）加脉冲（为防止焊枪转动到管子侧方和下方时铁水下流）。全位置TIG焊及坡口形式如图10-31所示。

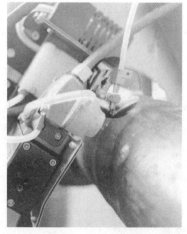

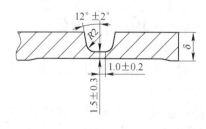

图10-31　全位置TIG焊及坡口形式

使用范围：管子外径 $\phi45\sim64mm$，壁厚 $3\sim12mm$。

主要使用焊丝直径为 $\phi0.8mm$、$\phi1.0mm$。

焊接规范为：

基值电流：$70\sim100A$；

峰值电流：$100\sim180A$；

电弧电压：$8.0\sim11V$；

焊接速度：$32\sim50mm/min$；

送丝速度：$40\sim200cm/min$。

（3）四头 MPM 自动焊。四头 MPM 焊接工艺简图如图 10-32 所示。

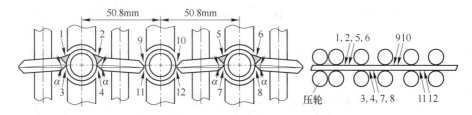

图 10-32 四头 MPM 焊接工艺简图

其工艺参数为：

1）焊接电流：

    1 组上 $260\sim280A$，2 组上 $250\sim270A$；

    1 组下 $250\sim270A$，2 组下 $220\sim250A$。

2）电弧电压：上侧焊枪，$27\sim29V$；下侧焊枪；$26\sim28V$。

3）焊接速度：$650\sim680mm/min$。

4）焊枪角度：$\alpha=15°+5°$，$\beta=23°\pm5°$。

5）焊丝伸长度：$E=20mm$ 左右。

6）气体混合比：$85\%Ar+15\%CO_2$，混合气体压力 $P=0.196MPa$，气体流量 $q=20\sim22L/min$。

7）坡口形式如图 10-33 所示。四头 MPM 自动焊实物图如图 10-34 所示。

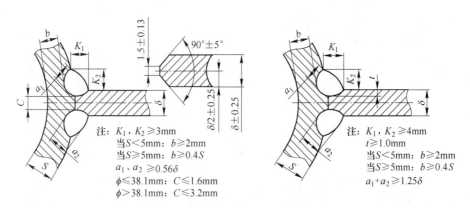

图 10-33 四头 MPM 自动焊坡口

图 10-34   四头 MPM 自动焊

（4）龙门式 MPM 自动焊（见图 10-35）。6 焊头同时焊接，焊枪品形布置，主要特点和优点为：

1）工件不动，焊头在龙门架上平行移动，实现非直屏膜式壁焊接；

2）焊接成形美观，焊接效率高；

3）焊接电流 220~280A，电弧电压 24~30V，保护气体为 85%Ar+15%CO$_2$。

图 10-35   龙门式 MPM 自动焊

参 考 文 献

[1] 中国机械工程学会焊接分会，中国焊接协会. 焊接手册［M］. 北京：机械工业出版社，2002.

[2] 中国机械工程学会焊接学会. 焊工手册［M］. 北京：机械工业出版社，2001.

[3] 张文钺. 焊接物理冶金［M］. 天津：天津大学出版社，2005.

[4] 范培根. 金属材料工程实习实训教程［M］. 北京：冶金工业出版社，2011.

[5] 阳辉. 金属压力加工实习实训教程［M］. 北京：冶金工业出版社，2011.

[6] 李亚江，王娟，刘鹏，等. 焊接与切割操作技能［M］. 北京：化学工业出版社，2005.

[7] 人力资源和社会保障部. 焊条电弧焊［M］. 北京：中国劳动社会保障出版社，2009.

[8] 任晓光，安才，刘丹. 焊接技能实训［M］. 北京：冶金工业出版社，2015.

[9] 曾艳. 焊接基本操作技能［M］. 北京：电子工业出版社，2017.

[10] 韩广军. 焊接技能训练［M］. 北京：中国铁道出版社，2013.

[11] 邓洪军. 焊接实训［M］. 北京：机械工业出版社，2014.

[12] 雷世明. 焊接方法与设备［M］. 北京：机械工业出版社，2014.

[13] 王宗杰. 熔焊方法及设备［M］. 北京：机械工业出版社，2015.

[14] 李亚江，等. 切割技术及应用［M］. 北京：化学工业出版社，2004.

[15] 张红兵. 焊工技能实训［M］. 北京：电子工业出版社，2008.

[16] 陈祝年. 焊接工程师手册［M］. 北京：机械工业出版社，2002.

[17] 许小平，陈长江. 焊接实训指导［M］. 武汉：武汉理工大学出版社，2003.

冶金工业出版社部分图书推荐

书　名	作　者	定价(元)
中国冶金百科全书·金属塑性加工	本书编委会	248.00
爆炸焊接金属复合材料	郑远谋	180.00
楔横轧零件成形技术与模拟仿真	胡正寰	48.00
薄板材料连接新技术	何晓聪	75.00
高强钢的焊接	李亚江	49.00
高硬度材料的焊接	李亚江	48.00
材料成型与控制实验教程（焊接分册）	程方杰	36.00
材料成形技术（本科教材）	张云鹏	42.00
现代焊接与连接技术（本科教材）	赵兴科	32.00
焊接材料研制理论与技术	张清辉	20.00
金属学原理（第2版）（本科教材）	余永宁	160.00
加热炉（第4版）（本科教材）	王　华	45.00
轧制工程学（第2版）（本科教材）	康永林	46.00
金属压力加工概论（第3版）（本科教材）	李生智	32.00
金属塑性加工概论（本科教材）	王庆娟	32.00
型钢孔型设计（本科教材）	胡　彬	45.00
金属塑性成形力学（本科教材）	王　平	26.00
轧制测试技术（本科教材）	宋美娟	28.00
金属学及热处理（本科教材）	范培耕	33.00
轧钢厂设计原理（本科教材）	阳　辉	46.00
冶金热工基础（本科教材）	朱光俊	30.00
材料成型设备（本科教材）	周家林	46.00
材料成形计算机辅助工程（本科教材）	洪慧平	28.00
金属塑性成形原理（本科教材）	徐　春	28.00
金属压力加工原理（本科教材）	魏立群	26.00
金属压力加工工艺学（本科教材）	柳谋渊	46.00
钢材的控制轧制与控制冷却（第2版）（本科教材）	王有铭	32.00
金属压力加工实习与实训教程（高等实验教材）	阳　辉	26.00
金属压力加工概论（第3版）（本科教材）	李生智　李隆旭	32.00
焊接技术与工程实验教程（本科教材）	姚宗湘	26.00
金属材料工程实验教程（本科教材）	仵海东	31.00
有色金属塑性加工（本科教材）	罗晓东	30.00
焊接技能实训	任晓光	39.00
焊工技师	闫锡忠	40.00